新工科建设·电子信息与电气类规划教材

电工电子技术实践

主　编　陆　超　查根龙　袁　梦
副主编　袁　静　史洪玮　李海霞
　　　　方　军　刘海洋　汪　勇
　　　　秦玉龙　张　浩　张东彬

东南大学出版社
SOUTHEAST UNIVERSITY PRESS
·南京·

内 容 提 要

本书以电路、模拟电子技术和数字电子技术实验为基础,以工程设计方法、测试方法为主线,突出工科特色,强调与工程实际接轨;以电路的功能为出发点进行选题,努力反映新技术、采用新器件,并附有设计举例和设计任务。本书体系结构新颖,注重工程应用,理论紧密联系实际等特点。

本书共分为三个部分。第一部分为电路原理实验,共设置了20个实验;第二部分为模拟电子技术实验,共设置了12个实验;第三部分为数字电子技术实验,共设置了12个实验。学习者在安排教学进度时,根据教学大纲的要求,可以做适当的选择,由浅入深,由易到难,循序渐进。

图书在版编目(CIP)数据

电工电子技术实践/陆超,查根龙,袁梦主编. —南京:东南大学出版社,2021.9(2023.3重印)

新工科建设 电子信息与电气类规划教材

ISBN 978-7-5641-9647-9

Ⅰ. ①电… Ⅱ. ①陆… ②查… ③袁… Ⅲ. ①电工技术−高等学校−教材 ②电子技术−高等学校−教材 Ⅳ. ①TM ②TN

中国版本图书馆 CIP 数据核字(2021)第 170640 号

电工电子技术实践

Diangong Dianzi Jishu Shijian

主　　编:陆 超 查根龙 袁 梦
出版发行:东南大学出版社
出 版 人:江建中
社　　址:南京市四牌楼 2 号(邮编:210096)
责任编辑:姜晓乐(joy_supe@126.com)
经　　销:全国各地新华书店
印　　刷:南京工大印务有限公司
开　　本:787 mm×1092 mm 1/16
印　　张:12.75
字　　数:302 千字
版　　次:2021 年 9 月第 1 版
印　　次:2023 年 3 月第 2 次印刷
书　　号:ISBN 978-7-5641-9647-9
定　　价:46.00 元

本社图书若有印装质量问题,请直接与营销部联系。电话(传真):025-83791830

前　　言

　　以培养大学生开拓创新能力和实践动手能力为核心的素质教育是当前高等教育实行工程教育教学改革的重要目标,也是培养应用型人才的重要举措。实践实训教学环节,对于培养和提高学生的创新能力、解决实际问题的能力有着十分重要的作用。

　　电路原理、模拟电子技术和数字电子技术是电气、电子信息、自动化及其他相近专业的三门重要的专业基础课程,知识点多、覆盖面广,具有较强的理论性和工程实践性,是基础理论课程向专业工程类课程过渡的桥梁,也是学生基本素质形成和发展的关键课程。开设这三门课程的目的是通过实验使学生进一步加深对所学理论知识的理解,能够正确使用常用电子仪器仪表,掌握电子线路的分析、测试、调试和基本设计方法。本教材是在参考了一些普通高校的电工电子技术实践教学大纲基础上,结合我校电工电子实验教学设备,在总结多年实践教学改革经验和成果的基础上,综合考虑了理论课程特点,为适应当前应用型人才培养目标而编写的。

　　教材从本科学生实践技能和创新意识的早期培养着手,注重结合电子技术的工程应用实际和发展方向,在帮助学生验证、消化和巩固基础理论的同时,引导学生思考和解决工程实际问题,激发学生创新思维,培养学生工程素养和创新能力,促进学生"知识""能力"和"综合素质"水平的提高。教材深入浅出地分析和讨论了电子技术实验常识、技术原理、步骤流程、实验条件等实践要素,并把培养学生严谨的实验作风、良好的实验习惯、严格的质量意识等工程素养贯穿于教材之中。在内容编写上,力求适合应用型人才培养的方向,具有通用性、针对性和实用性,选择具有代表性和实用性的实验、实训项目,训练目的明确,实验、实训相关理论和技能的介绍翔实、具体,设计了合理的实验、实训方法,操作步骤和过程。实验、实训项目的编写结构充分考虑了实验、实训教学的可操作性。全书构架完整,选用灵活,既可配合电路原理、模拟电子技术、数字电子技术的理论课程教学,又可作为将实践教学独立设课的教学用书。

　　本书共分为三个部分:第一部分为电路实验,共有 20 个实验项目;第二部分为模拟电子技术实验,共有 12 个实验项目;第三部分为数字电子技术实验,共有 12 个实验项目。每一部分实验项目中均含有基础验证性实验、设计性实验和综合性实验,每个实验均给出了实验预习要求、选做内容和思考题,便于自学或开展教学。

本书按照实验单独设课的要求编排实验内容,各章节的实验项目之间既循序渐进又相对独立。为了适应不同教学学时、教学条件和实际情况的需要,书中安排了较多的实验项目和内容,任课教师可以因材施教,有选择地安排实验项目和实验内容。

参与本书编写工作的有宿迁学院陆超、查根龙、袁梦、袁静、史洪玮、李海霞、方军、刘海洋、汪勇、秦玉龙和宿迁中等专业学校张浩、张东彬等老师。江苏大学李正明教授和中国矿业大学袁小平教授对书稿的编写思路和撰写大纲提出了宝贵的意见,在此表示衷心的感谢。全书由江苏大学杨建宁教授和江苏师范大学王立巍副教授主审。由于编者水平有限,书中难免存在不妥之处,敬请广大读者批评指正。

作　者

2020 年 12 月

目　　录

第一部分　电路实验 ·· 1

实验一　电路基本元件的伏安特性测定 ·· 1

实验二　受控电源的实验研究 ··· 4

实验三　基尔霍夫定律的验证 ··· 10

实验四　电压源与电流源的等效变换 ··· 13

实验五　叠加定理的验证 ·· 17

实验六　戴维宁定理与诺顿定理的验证 ·· 20

实验七　最大功率传输条件的实验研究 ·· 23

实验八　一阶 RC 电路的暂态响应 ·· 26

实验九　二阶 RLC 串联电路的暂态响应 ·· 31

实验十　用一表法和二表法测量交流电路的等效阻抗 ···························· 35

实验十一　用三表法测量交流电路的等效阻抗 ····································· 38

实验十二　日光灯功率因数提高方法的研究 ·· 41

实验十三　正弦交流电路中 RLC 元件的阻抗频率特性 ························ 45

实验十四　串联谐振电路 ·· 49

实验十五　互感电路 ··· 54

实验十六　变压器及其参数测量 ·· 60

实验十七　RC 选频网络特性测试 ·· 63

实验十八　三相对称与不对称交流电路电压、电流的测量 ····················· 66

实验十九　三相电路电功率的测量 ··· 70

实验二十　线性无源二端口网络的研究 ··· 74

第二部分　模拟电子技术实验 ·· 78

实验一　晶体管单管放大电路 ·· 78

实验二　场效应管放大电路 ·· 85

实验三　晶体管多级放大电路 ………………………………………………… 88

实验四　负反馈放大电路 …………………………………………………… 92

实验五　射极跟随器 ………………………………………………………… 95

实验六　差动放大电路 ……………………………………………………… 98

实验七　集成运算放大的基本运算电路 ………………………………… 102

实验八　集成运算放大的波形运算电路 ………………………………… 109

实验九　OTL、OCL 功率放大器 ………………………………………… 114

实验十　串联型晶体管稳压电源 ………………………………………… 119

实验十一　集成稳压电路 ………………………………………………… 125

实验十二　有源滤波电路 ………………………………………………… 133

第三部分　数字电子技术实验 ……………………………………………… 135

实验一　门电路逻辑功能测试 …………………………………………… 135

实验二　编码器及其应用 ………………………………………………… 138

实验三　译码器及其应用 ………………………………………………… 141

实验四　数据选择器及其应用 …………………………………………… 145

实验五　加法器及其应用 ………………………………………………… 151

实验六　触发器及其应用 ………………………………………………… 155

实验七　计数器及其应用 ………………………………………………… 160

实验八　移位寄存器及其应用 …………………………………………… 163

实验九　单稳态、施密特、555 时基电路及其应用 ……………………… 168

实验十　模数、数模转换电路实验 ……………………………………… 178

实验十一　汽车尾灯控制电路设计 ……………………………………… 185

实验十二　多路智力竞赛抢答器设计 …………………………………… 188

参考文献 …………………………………………………………………… 194

附录　常用芯片引脚图 …………………………………………………… 195

第一部分 电路实验

实验一 电路基本元件的伏安特性测定

一、实验目的

1. 掌握几种元件的伏安特性的测试方法。
2. 掌握实际电压源和电流源的调节方法。
3. 学习常用直流电工仪表和设备的使用方法。

二、实验仪器及设备

序 号	仪器名称	规格(型号)	数 量	备 注
1	直流稳压电源		1	
2	直流电压表		1	
3	直流电流表		1	
4	大功率可变电阻箱		1	
5	电工实验平台		1	

三、实验原理

在电路中,电路元件的特性一般用该元件上的电压 U 与通过元件的电流 I 之间的函数关系 $U = f(I)$ 来表示,这种函数关系称为该元件的伏安特性,有时也称外特性,电源的外特性则是指它的输出端电压和输出电流之间的关系。通常这些伏安特性用 U 和 I 分别作为纵坐标和横坐标绘成曲线,这种曲线就叫作伏安特性曲线或外特性曲线。

本实验中所用元件为线性电阻、白炽灯泡、一般半导体二极管整流元件及稳压二极管等常见的电路元件,其中线性电阻的伏安特性是一条通过原点的直线,如图 1-1-1(a)所示,该直线的斜率等于电阻的数值。白炽灯泡在工作时灯丝处于高温状态,其灯丝电阻随着温度的改变而改变,并且具有一定的惯性,又因为温度的改变与流过的电流有关,所以它的伏安特性为一条曲线,如图 1-1-1(b)所示,电流越大温度越高,对应的电阻也越大,一般灯泡的"冷电阻"与"热电阻"可相差几倍至十几倍。一般半导体二极管整流元件也是非线性元件,当正向运用时其外特性如图 1-1-1(c)所示。稳压二极管是一种特殊的半导体器件,其正向伏安特性类似普通二极管,但其反向伏安特性则较特别,如图 1-1-1(d)所示,在反向电压开始增加时,其反向电流几乎为零,但当电压增加到某一数值时(一般称稳定电压)电流突然增加,之后它的端电压维持恒定,不再随外加电压升高而增加,这种特性在电子设备中有着广泛的应用。

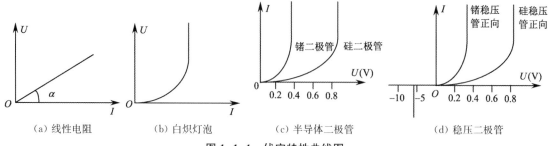

| (a) 线性电阻 | (b) 白炽灯泡 | (c) 半导体二极管 | (d) 稳压二极管 |

图 1-1-1　伏安特性曲线图

四、实验内容及步骤

1. 测定线性电阻 R 的伏安特性

按图 1-1-2 所示电路接线,调节直流稳压电源的输出电压,即改变电路中的电流,从而可测得通过电阻 R 的电流及相应的电压值。将所读数据列入表 1-1-1 中(注意流过 R 的电流应是电流表读数减去流过电压表中的电流),计算 R 时可予以校正,流过电压表的电流可根据其标明的电压灵敏度计算而得。

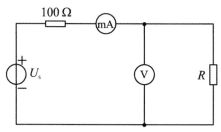

图 1-1-2　电阻 R 的伏安特性实验电路

表 1-1-1　线性电阻 R 的伏安特性

I(mA)							
U(V)							

2. 测定白炽灯泡的伏安特性

将图 1-1-2 电路中的电阻换成白炽灯泡,重复上述步骤即可测得白炽灯泡两端的电压及相应的电流数值,数据填入表 1-1-2 中。

表 1-1-2　白炽灯泡的伏安特性

I(mA)							
U(V)							

3. 测定二极管的伏安特性

如图 1-1-3 所示,将白炽灯泡换成一般二极管接入电路中,同样调节电源输出电压,并记下相对应的电压和电流值,将数据填入表 1-1-3 中。

表 1-1-3　一般硅二极管的正向伏安特性

I(mA)							
U(V)							

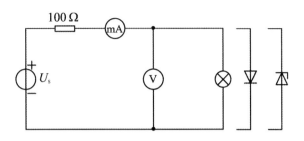

图 1-1-3　其他元器件的伏安特性实验电路图

4. 测定稳压二极管的反向伏安特性

将步骤 3 中的一般二极管换成稳压二极管,重复上述步骤并记下读数,将数据填入表 1-1-4 中。

表 1-1-4　稳压二极管的反向伏安特性

I(mA)						
U(V)						

五、实验注意事项

1. 测二极管正向特性时,稳压电源输出应由小至大逐渐增加,应时刻注意电流表读数不得超过 25 mA,稳压源输出端切勿碰线短路。

2. 进行上述实验时,应先估算电压和电流值,合理选择仪表的量程,勿使仪表超量程,并注意仪表的极性亦不能接错。

3. 如果要测二极管的伏安特性,则正向特性的电压值应取 0 V,0.1 V,0.13 V,0.15 V,0.17 V,0.19 V,0.21 V,0.24 V,0.30 V,反向特性的电压值应取 0 V,2 V,4 V,6 V,8 V,10 V。

六、预习思考题

1. 线性电阻与非线性电阻的概念是什么?电阻器与二极管的伏安特性有何区别?

2. 若元件伏安特性的函数表达式为 $I = f(U)$,在描绘特性曲线时,其坐标变量应如何放置?

3. 稳压二极管与普通二极管有何区别,其用途如何?

七、实验报告要求

1. 根据实验结果和表中数据,分别在坐标纸上绘制出各自的伏安特性曲线(其中二极管和稳压管的正、反向特性均要求画在同一幅图中,正、反向电压可取不同的比例尺)。

2. 对本次实验结果进行适当的解释,总结、归纳各被测元件的特性。

3. 必要的误差分析。

4. 总结本次实验的收获。

实验二　受控电源的实验研究

一、实验目的

1. 熟悉受控源 VCVS、VCCS、CCVS、CCCS 的基本特性。
2. 掌握受控源转移参数的测试方法。

二、实验仪器及设备

序　号	仪器名称	规格(型号)	数　量	备　注
1	直流稳压电源		1	
2	直流电压表		1	
3	直流电流表		1	
4	大功率可变电阻箱		1	
5	电工实验平台		1	

三、实验原理

电源可分为独立电源(如干电池、发电机等)与非独立电源(或称受控源)两种,受控源在网络分析中已经成为一个与电阻、电感、电容等无源元件一样经常遇到的电路元件。受控源与独立电源不同,独立电源的电动势或电流是某一固定数值或某一时间函数,不随电路其余部分的状态变化而改变,且理想独立电压源的电压不随其输出电流的变化而改变,理想独立电流源的输出电流与其端电压无关,独立电源作为电路的输入元件,它代表了外界对电路的作用,受控电源的电动势或电流则随网络中另一支路的电流或电压的变化而变化,它表示了电子器件中所发生的物理现象的一种模型。受控源又与无源元件不同,无源元件的电压和它自身的电流有一定的函数关系,而受控源的电压或电流则和另一支路(或元件)的电流或电压有某种函数关系,当受控源的电压(或电流)与控制元件的电压(或电流)成正比变化时,该受控源是线性的。理想受控源的控制支路中只有一个独立变量(电压或电流),另一个独立变量等于零,即从入口看,理想受控源或者是短路(即输入电阻 $R_1 = 0$,因而 $U_1 = 0$),或者是开路(即输入电导 $G_1 = 0$,因而输入电流 $I_1 = 0$);从出口看,理想受控源或是一理想电流源,或是一理想电压源。受控源有两对端钮,一对输出端钮,一对输入端钮。输入端用来控制输出端电压或电流的大小,施加于输入端的控制量可以是电压或是电流,因此,有两种受控电压源,即电压控制电压源 VCVS,电流控制电压源 CCVS;同样,受控电流源也有两种,即电压控制电流源 VCCS 及电流控制电流源 CCCS。

受控源的控制端与受控端的关系式称为转移函数,4 种受控源的转移函数参量分别用 α、g_m、μ、r_m 表示,它们的定义如下:

1. CCCS:$\alpha = I_2/I_1$ 转移电流比(或电流增益);
2. VCCS:$g_m = I_2/U_1$ 转移电导;
3. VCVS:$\mu = U_2/U_1$ 转移电压比(或电压增益);
4. CCVS:$r_m = U_2/I_1$ 转移电阻。

四、实验内容及步骤

1. CCVS 的伏安特性及转移电阻 r_m 的测试

(1) 实验电路(如图 1-2-1 所示)

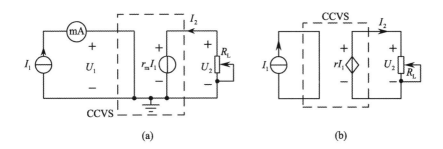

图 1-2-1　CCVS 的伏安特性及转移电阻 r_m 的测试实验电路图

(2) 实验方法

按图 1-2-1(a)或(b)接线,接通电源。调节稳流电源输出电流,使 $I_1 = +5\,\text{mA}$ 或 $I_1 = -5\,\text{mA}$,然后改变 R_L 为不同数值时测量出 U_1、U_2、I_2,将测得的数据填入表 1-2-1 中,并绘制出 CCVS 的外部特性曲线 $U_2 = f(I_2)$。

为使 CCVS 能正常工作,应使 I_2 在 $\pm 5\,\text{mA}$ 以内,U_2 在 $\pm 5\,\text{V}$ 以内,且 $R_L > 1\,\text{k}\Omega$。

测量电流时可用电压表测量电阻上的电压值,再根据欧姆定理求得电流值,或直接串入电流表测量。

表 1-2-1　CCVS 改变 R_L 的测量数据

$U_1 = \underline{\hspace{2cm}}$ V　$I_1 = 5\,\text{mA}$

$R_L(\text{k}\Omega)$	1	2	3	4	5	6	7	8	9	10	∞
$I_2(\text{mA})$											
$U_2(\text{V})$											

固定 $R_L = 1\,\text{k}\Omega$,改变稳流电源输出电流 I_1 为正负不同数值时分别测量 U_1、U_2、I_2,将测得的数据填入表 1-2-2 中,计算转移电阻 r_m,并绘制输入伏安特性曲线 $U_1 = f(I_1)$ 与转移特性曲线 $U_2 = f(I_1)$。

表 1-2-2　改变稳流电源输出电流 I 的测量数据

$I_1(\mathrm{mA})$	$U_1(\mathrm{V})$	$U_2(\mathrm{V})$	$I_2(\mathrm{mA})$	$r_\mathrm{m}=U_2/I_1(\Omega)$
5				
2				
1				
−1				
−2				
−5				

$$\bar{r}_\mathrm{m}=\sum_{n=1}^{n} r_\mathrm{m}/n$$

2. VCCS 的伏安特性及转移电导 g_m 的测试

（1）实验电路（如图 1-2-2 所示）

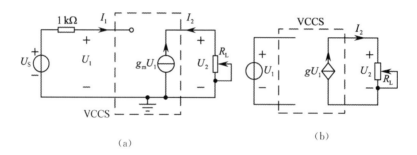

（a）　　　　　　　　　　　　（b）

图 1-2-2　VCCS 的伏安特性及转移电导 g_m 的测试实验电路图

（2）实验方法

① 按图 1-2-2(a)或(b)接线，接通 VCCS 电源。

② 调节稳压电源输出电压，使 $U_1=+5\,\mathrm{V}$ 或 $U_1=-5\,\mathrm{V}$，改变 R_L 为不同值时测量出 U_1、I_1、U_2、I_2，将测得的数据填入表 1-2-3，并绘制 VCCS 的外部特性曲线 $I_2=f(U_2)$。为使 VCCS 正常工作，应使 U_1（或 U_2）在 ±5 V 以内，I_1（或 I_2）在 ±5 mA 以内，且 $R_\mathrm{L}<$ 1 kΩ。

表 1-2-3　VCCS 改变 R_L 的测量数据

$U_\mathrm{S}=$ _____ V　　$U_1=$ _____ V　　$I_1=$ _____ mA

$R_\mathrm{L}(\Omega)$	1 000	900	800	700	600	500	400	300	200	100
$U_2(\mathrm{V})$										
$I_2(\mathrm{mA})$										

③ 固定 $R_\mathrm{L}=1\,\mathrm{k}\Omega$，改变稳压电源输出电压 U_s 为正负不同数值时分别测量 U_1、I_1、U_2、I_2，将测得的数据填入表 1-2-4 中并计算转移电导 g_m，绘制 VCCS 的输入伏安特性曲线 $U_1=f(I_1)$ 及转移特性曲线 $I_2=f(U_1)$。

$$\overline{g_{\mathrm{m}}} = \sum_{n=1}^{n} g_{\mathrm{m}}/n$$

表 1-2-4 VCCS 改变稳压电源输出电压的测量数据

$U_{\mathrm{s}}(\mathrm{V})$	$U_1(\mathrm{V})$	$I_1(\mathrm{mA})$	$U_2(\mathrm{V})$	$I_1(\mathrm{mA})$	$g_{\mathrm{m}} = I_2/U_1(\mathrm{S})$
5					
2					
1					
-1					
-2					
-5					

3. CCCS 的伏安特性及电流增益系数 α 的测试

（1）实验电路（如图 1-2-3 所示）

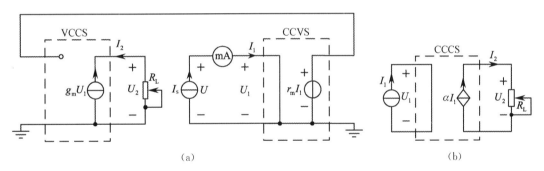

图 1-2-3 CCCS 的伏安特性及电流增益系数 α 的测试实验电路图

（2）实验方法

① 按图 1-2-3(a)或(b)接线。

② 调节稳压电源输出电压使 $I_1 = +5\,\mathrm{mA}$ 或 $I_1 = -5\,\mathrm{mA}$，在 $0 \sim 1\,\mathrm{k\Omega}$ 范围内改变 R_{L} 为不同值时，测量 U_1、U_2、I_2。将测得的数据填入表 1-2-5 中，并绘制 CCCS 的外部特性曲线 $U_2 = f(I_2)$。

表 1-2-5 CCCS 改变 R_{L} 的测量数据

$U_1 = $ _____ V $I_1 = $ _____ mA

$R_{\mathrm{L}}(\Omega)$	1 000	900	800	700	600	500	400	300	200	100
$U_2(\mathrm{V})$										
$I_2(\mathrm{mA})$										

③ 固定 $R_{\mathrm{L}} = 1\,\mathrm{k\Omega}$，改变稳压输出电压 U 为正负不同值时分别测量 U_1、I_1、U_2、I_2，将

测得数据填入表 1-2-6 中,计算电流增益系数 α,并绘制 CCCS 输入伏安特性曲线 $U_1 = f(I_1)$ 及转移特性曲线 $I_2 = f(U_1)$。

表 1-2-6　CCCS 改变稳压输出电压 U 的测量数据

$U(\text{V})$	$U_1(\text{V})$	$I_1(\text{mA})$	$U_2(\text{V})$	$I_2(\text{mA})$	$\alpha = I_2/I_1$	$\alpha' = g_\text{m} \cdot r_\text{m}$
5						
2						
1						
-1						
-2						
-5						

$$\alpha = \sum_{n=1}^{n} \frac{\alpha_n}{n}$$

4. VCVS 的伏安特性及电压增益系数 μ 的测试。

(1) 实验电路(如图 1-2-4 所示)

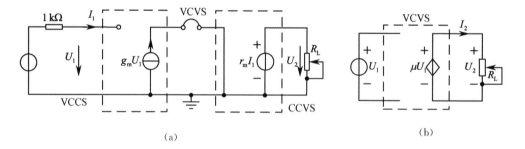

(a)　　　　　　　(b)

图 1-2-4　VCVS 的伏安特性及电压增益系数 μ 的测试实验电路图

(2) 实验方法

① 按图 1-2-4(a)或(b)接线。

② 调节稳压电源输出电压 U,使 $U_1 = +5\,\text{V}$ 或 $U_1 = -5\,\text{V}$,在 $1\,\text{k}\Omega \sim \infty$ 范围内改变 R_L 为不同值时,测量 I_1、U_2、I_2。将测得数据填入表 1-2-7 中,并绘制 VCVS 的外部特性曲线 $U_2 = f(I_2)$。

表 1-2-7　VCVS 改变 R_L 的测量数据

$U = $ ___ V　$U_1 = $ ___ V　$I_1 = $ ___ mA										
$R_\text{L}(\text{k}\Omega)$	1	2	3	4	5	6	7	8	9	10	∞
$I_2(\text{mA})$										
$U_2(\text{V})$										

③ 固定 $R_L = 1\text{k}\Omega$，改变稳压输出电压 U 为正负不同值时分别测量 U_1、I_1、U_2、I_2，将测得数据填入表 1-2-8 中，计算电压增益系数 μ，并绘制输入伏安特性曲线 $U_1 = f(I_1)$ 及转移特性曲线 $U_2 = f(I_2)$。

表 1-2-8　VCVS 改变稳压电源输出电压 U 的测量数据

$U(\text{V})$	$U_1(\text{V})$	$I_1(\text{mA})$	$U_2(\text{V})$	$I_2(\text{mA})$	$\mu = U_2/U_1$	$\mu' = -g_m r_m$
5						
2						
1						
-1						
-2						
-5						

五、实验注意事项

1. 在实验中作受控源的运算放大器正常工作时，除了在输入端提供输入信号（控制量）以外，还需要接通静态工作电源。每次换接线路，必须事先断开供电电源。

2. 在实验中作受控源的运算放大器，输入端电压、电流不能超过额定值；受控电压源的输出不能短路，受控电流源的输出不能开路。

六、预习思考题

1. 受控源和独立源相比有何异同点？受控源和无源电阻元件相比有何异同点？

2. 4 种受控源中的 α、g_m、μ、r_m 的意义是什么？如何测得？

3. 若受控源控制量的极性反向，试问其输出极性是否发生变化？

4. 受控源的控制特性是否适合于交流信号？

七、实验报告要求

1. 根据实验数据，在坐标纸上分别绘出 4 种受控源的转移特性曲线和负载特性曲线，并求出相应的转移参量。

2. 对预习思考题做必要的回答。

3. 对实验的结果做出合理的分析和结论，总结对 4 种受控源的认识和理解。

4. 总结心得体会及其他。

实验三　基尔霍夫定律的验证

一、实验目的

1. 加深对基尔霍夫定律的理解。
2. 用实验数据验证基尔霍夫定律。
3. 熟练仪器仪表的使用技术。

二、实验仪器及设备

序　号	仪器名称	规格(型号)	数　量	备　注
1	直流稳压电源		1	
2	直流电压表		1	
3	直流电流表		1	
4	电工实验平台		1	

三、实验原理

基尔霍夫定律是电路理论中最基本的定律之一,它阐明了电路整体结构必须遵守的规律,应用极为广泛。

基尔霍夫定律有两条:一是电流定律,另一是电压定律。

基尔霍夫电流定律(简称 KCL)是:在任一时刻,流入电路任一节点的电流总和等于从该节点流出的电流总和,换句话说就是在任一时刻,流入到电路任一节点的电流的代数和为零。这一定律实质上是电流连续性的表现。运用这条定律时必须注意电流的方向,如果不知道电流的真实方向时可以先假设每一电流的正方向(也称参考方向),根据参考方向就可写出基尔霍夫的电流定律表达式,例如图 1-3-1 所示为电路中某一节点 N,共有 5 条支路与它相连,5 个电流的参考正方向如图,根据基尔霍夫定律就可写出:

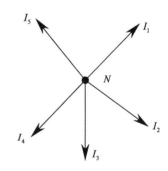

图 1-3-1　电路中某一节点 N

$$I_1 + I_2 + I_3 + I_4 + I_5 = 0$$

如果把基尔霍夫定律写成一般形式就是 $\sum I = 0$。显然,这条定律与各支路上接的是什么样的元件无关,不论是线性电路还是非线性电路,它是普遍适用的。

电流定律原是运用于某一节点的,我们也可以把它推广运用于电路中的任一假设的封闭面,例如图 1-3-2 所示,封闭面 S 所包围的电路有 3 条支路与电路其余部分相连接,其电流为 I_1,I_2,I_3,则:

$$I_1 + I_2 + I_3 = 0$$

因为对任一封闭面来说,电流仍然必须是连续的。

基尔霍夫电压定律(简称 KVL):在任一时刻,沿闭合回路电压的代数和总等于零。把这一定律写成一般形式即为 $\sum U = 0$,例如在图 1-3-3 所示的闭合回路中,电阻两端电压的参考正方向如箭头所示,如果从节点 a 出发,顺时针方向绕行一周又回到 a 点,便可写出:

$$U_1 + U_2 + U_3 + U_4 - U_5 = 0$$

显然,基尔霍夫电压定律与闭合回路中各支路元件的性质无关,因此,不论是线性电路还是非线性电路,它是普遍适用的。

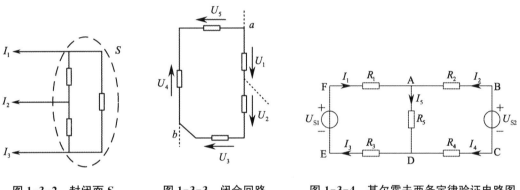

图 1-3-2　封闭面 S　　　　图 1-3-3　闭合回路　　　图 1-3-4　基尔霍夫两条定律验证电路图

四、实验内容及步骤

按照图 1-3-4 所示实验电路验证基尔霍夫两条定律。正确连接线路后,调节两路直流稳压电源接入电路,$U_{S1} = 10\,V$,$U_{S2} = 5\,V$,$U_{S1} = 10\,V$ 为实验台上稳压电源输出电压,实验中调节好数值后保持不变,R_1、R_2、R_3、R_4、R_5 为固定电阻,精度为 1.0 级。实验时各条支路电流及总电流用电流表测量,在接线时每条支路可串联连接一个电流表插口,测量电流时只要把电流表所连接的插头插入即可读数。但要注意插头连接时的极性,插口一侧有红点标记的一端应与插头红线连接。将实验测量数据分别填入表 1-3-1 和表 1-3-2 中。

表 1-3-1　验证电流定律的实验结果

支路电流	I_1	I_2	I_3	I_4	I_5
计 算 值(mA)					
测 量 值(mA)					

（续表）

节 点	A	B	C	D
$\sum I$（计算值(mA)）				
$\sum I'$（测量值(mA)）				
误差 ΔI				

表 1-3-2　验证电压定律的实验结果

电 压	U_{AB}	U_{BC}	U_{CD}	U_{DE}	U_{EF}	U_{FA}	U_{AD}
计 算 值(V)							
测 量 值(V)							

回 路	ABCDA	ADEFA	ABCDEFA
$\sum U$（计算值(V)）			
$\sum U'$（测量值(V)）			
误差 ΔU			

五、实验注意事项

1. 两路直流稳压源的电压值和电路端电压值均应以电压表测量的读数为准,电源表盘指示只作为显示仪表,不能作为测量仪表使用,恒压源输出以接负载后为准。

2. 谨防电压源两端碰线短路而损坏仪器。

3. 若用指针式电流表进行测量时,要识别电流插头所接电流表的"＋、－"极性。当电表指针出现反偏时,必须调换电流表极性重新测量,此时读得的电流值必须冠以负号。

六、预习思考题

1. 根据图 1-3-1 的电路参数,计算出待测的电流 I_1、I_2、I_3 和各电阻上的电压值,记入表中,以便实验测量时可正确地选定毫安表和电压表的量程。

2. 若用指针式直流毫安表测各支路电流,什么情况下可能出现指针反偏,应如何处理? 在记录数据时应注意什么? 若用直流数字毫安表进行测量时,会有什么显示?

七、实验报告要求

1. 根据实验数据,选定实验电路中的任意一个节点,验证 KCL 的正确性;选定任意一个闭合回路,验证 KVL 的正确性。

2. 误差原因分析。

3. 总结本次实验的收获体会。

实验四　电压源与电流源的等效变换

一、实验目的

1. 了解理想电流源与理想电压源的外特性。
2. 验证电压源与电流源互相进行等效变换的条件。

二、实验仪器及设备

序　号	仪器名称	规格(型号)	数　量	备　注
1	直流稳压电源		1	
2	直流电压表		1	
3	直流电流表		1	
4	大功率可变电阻箱		1	
5	电工实验平台		1	

三、实验原理

在电工理论中,理想电源除理想电压源之外,还有另一种电源,即理想电流源,理想电流源在接上负载后,当负载电阻变化时,该电源供出的电流能维持不变,理想电压源接上负载后,当负载变化时其输出电压保持不变,它们的电路图符号及其特性见图1-4-1。

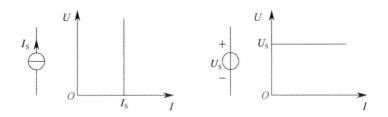

　　　(a) 理想电流源符号及伏安特性曲线　　　(b) 理想电压源符号及伏安特性曲线

图 1-4-1　理想电流源和理想电压源的电路符号及其特性

在工程实践中,绝对的理想电源是不存在的,但有一些电源其外特性与理想电源极为接近,因此,可以近似地将其视为理想电源。理想电压源与理想电流源是不能互相变换的。

一个实际电源,就其外部特性而言,既可以看成是电压源,又可以看成是电流源。

实际电流源用一个理想电流源 I_S 与一个电导 G_0 并联的组合来表示,实际电压源用一个理想电压源 U_S 与一个电阻 R_0 串联组合来表示,它们向同样大小的负载供出同样大小的电流,而电源的端电压也相等,即电压源与其等效的电流源具有相同的外特性。

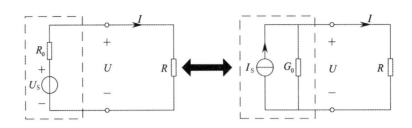

图 1-4-2　实际电压源与实际电流源相互等效电路

一个电压源与一个电流源相互进行等效变换的条件为：

$$I_S = \frac{U_S}{R_0}, \quad G_0 = \frac{1}{R_0} \quad 或 \quad U_S = \frac{I_S}{G_0}, \quad R_0 = \frac{1}{G_0}$$

四、实验内容及步骤

1. 测量理想电流源的外特性

本实验采用的电流源，当负载电阻在一定的范围内变化时（即保持电流源两端电压不超出额定值），电流基本不变，即可将其视为理想电流源。

将可变电阻 R 接至电流源的"输出"端钮上，测量电流用的毫安表串接于电路中，如图1-4-3所示。改变电阻箱的电阻值，测出"输出"两端钮间电压，即得到外特性曲线。

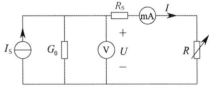

图 1-4-3　理想电流源的外特性
实验电路图

实验时首先置 $R = 0$，调节 I 至 20 mA，然后改变 R 测 I，但应使 $R_{max} \cdot I \leqslant 20$ V。将测量值填入表1-4-1中。

表 1-4-1　理想电流源外特性测量值

电阻 $R(\Omega)$									
电流 $I(mA)$									
电压 $U(V)$									

2. 测量理想电压源的外特性

如图 1-4-4 所示，当外接负载电阻在一定范围内变化时电源输出电压基本不变，可将其视为理想电压源，实验时不能使 $R = 0$（短路），否则电流过大会使导线和电源发热，损坏电源和电流表，甚至会引起火灾。将测量值填入表1-4-2中。

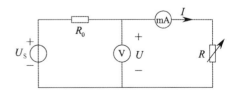

图 1-4-4　理想电压源的外特性
实验电路图

表 1-4-2　理想电压源外特性测量值

电阻 $R(\Omega)$									
电流 I(mA)									
电压 U(V)									

3. 验证实际电压源与电流源等效变换的条件

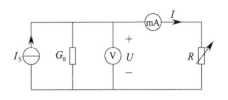

图 1-4-5　实际电源实验接线图

在实验步骤 1 中,已测得理想电流源的电流为 $I_S = 20$ mA,此时,若在其"输出"端钮间并联一电阻 r_0(即 $g_0 = 1/r_0$),例如 $200\ \Omega$,从而构成一个实际电流源,将该电流源接至负载 R(电阻箱),改变电阻箱的电阻值,即可测出该电流源的外特性,实验接线如图 1-4-5 所示。

根据等效变换的条件,将电压源的输出电压调至 $E_S = I_S r_0$,并串接一个电阻 r_0,从而构成一个实际电压源,将该电压源接到负载 R(电阻箱)两端,改变电阻箱的电阻值即可测出该电压源的外特性。在两种情况下负载电阻 R 为相同值时可比较是否具有相同的电压与电流。

表 1-4-3　实际电源测量数据表

电流源　$I_S = $ _____ mA　　$g_0 = $ _____ S

电阻 $R(\Omega)$									
电流 I(mA)									
电压 U(V)									

电压源　$E_S = $ _____ V　　$r_0 = $ _____ Ω

电阻 $R(\Omega)$									
电流 I(mA)									
电压 U(V)									

五、实验注意事项

1. 在测电压源外特性时,不要忘记测空载时的电压值,改变负载电阻时,不可使电压源短路。

2. 在测电流源外特性时,不要忘记测短路时的电流值,改变负载电阻时,不可使电流源开路。

3. 换接线路时,必须关闭电源开关。

4. 直流仪表的接入应注意极性与量程。

六、预习思考题

1. 直流稳压电源的输出端为什么不允许短路? 直流恒流源的输出端为什么不允许

开路?

2. 电压源与电流源的外特性为什么呈下降变化趋势,稳压源和恒流源的输出在任何负载下是否保持恒定值?

七、实验报告要求

1. 根据实验数据绘出电源的 4 条外特性曲线,并总结、归纳出各类电源的特性。

2. 通过实验结果来验证电源等效变换的条件。

3. 总结本次实验的收获与体会。

实验五　叠加定理的验证

一、实验目的

1. 通过实验来验证线性电路中的叠加原理以及其适用范围。
2. 学习直流仪器仪表的测试方法。

二、实验仪器及设备

序　号	仪器名称	规格(型号)	数　量	备　注
1	直流稳压电源		1	
2	直流电压表		1	
3	直流电流表		1	
4	电工实验平台		1	

三、实验原理

当几个电动势在某线性网络中共同作用时,也可以是几个电流源共同作用,或电动势和电流源混合共同作用,它们在电路中任一支路产生的电流或在任意两点间所产生的电压,等于这些电动势或电流源分别单独作用时,在该部分所产生的电流或电压的代数和,这一结论称为线性电路的叠加原理,如果网络是非线性的,叠加原理不适用。

本实验中,先使电压源和电流源分别单独作用,测量各点间的电压和各支路的电流,然后再使电压源和电流源共同作用,测量各点间的电压和各支路的电流,验证是否满足叠加原理。

四、实验内容及步骤

(1) 按图 1-5-1 接线,先不加 I_S,调节好 $U_{S1} = 10$ V,$U_{S2} = 5$ V。

(2) K_1 接通电源,K_2 打向短路侧,测量各点电压,注意测量值的符号,将测得数据填入表1-5-1中。

(3) K_2 接通电源,K_1 打向短路侧,重复实验测量。

(4) K_1、K_2 都打向短路侧,接入电流源 I_S,并调节至 5 mA,重复实验并测量。

(5) 在上一步骤测量完后将 K_1、K_2 都接至电源,重复测量,将测得数据填入表1-5-1中。

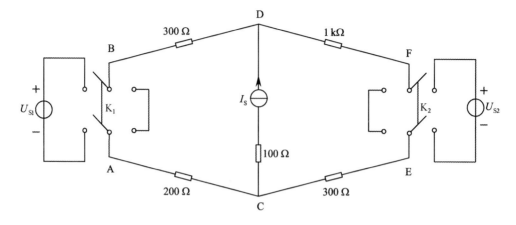

（a）实验模块一

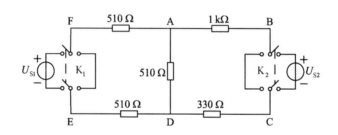

（b）实验模块二

图 1-5-1 叠加定理实验电路图

表 1-5-1 叠加定理实验数据

电 压	$U_{AB}(\mathrm{V})$	$U_{CE}(\mathrm{V})$	$U_{BD}(\mathrm{V})$	$U_{DF}(\mathrm{V})$	$U_{CD}(\mathrm{V})$
U_{S1} 单独作用					
U_{S2} 单独作用					
I_{S} 单独作用					
U_{S1}，U_{S2}，I_{S} 共同作用					
理论计算值					
绝对误差					
相对误差					

五、实验注意事项

1. 用电流插头测量各支路电流时,应注意仪表的极性及数据表格中"＋""－"号的记录。

2. 正确选用仪表量程并注意及时更换。

3. 恒压源输出以接上负载后为准。

六、预习思考题

1. 叠加原理中 U_{S1}，U_{S2} 分别单独作用，在实验中应如何操作？可否直接将不作用的电源（U_{S1} 或 U_{S2}）置零（短接）？

2. 实验电路中，若有一个电阻器改为二极管，试问叠加原理的叠加性与齐次性还成立吗？为什么？

七、实验报告要求

1. 根据所测实验数据，归纳、总结实验结论，即验证线性电路的叠加性与齐次性。

2. 各电阻器所消耗的功率能否用叠加原理计算得出？试用上述实验数据进行计算并做结论。

3. 通过表 1-5-1 所测实验数据，你能得出什么样的结论？

4. 总结本次实验的收获与体会。

实验六　戴维宁定理与诺顿定理的验证

一、实验目的

1. 用实验来验证戴维宁定理和诺顿定理。
2. 用实验来验证电压源与电流源相互进行等效转换的条件。
3. 进一步学习常用直流仪器仪表的使用方法。

二、实验仪器及设备

序号	仪器名称	规格(型号)	数量	备注
1	直流稳压电源		1	
2	直流电压表		1	
3	直流电流表		1	
4	大功率可变电阻箱		1	
5	电工实验平台		1	

三、实验原理

任何一个线性网络,如果只研究其中一条支路的电压和电流,则可将电路的其余部分看作一个含源一端口网络,而任何一个线性含源一端口网络对外部电路的作用,可用一个等效电压源来代替,该电压源的电动势 E_S 等于这个含源一端口网络的开路电压 U_{OC},其等效内阻 R_{eq} 等于这个含源一端口网络中各独立电源电压均为零时(电压源短接,电流源断开)无源一端口网络的入端电阻 R_{in},这个结论就是戴维宁定理。

如果用等效电流源来代替,其等效电流 I_S 等于这个含源一端口网络的短路电流 I_{SC},其等效内电导等于这个含源一端口网络中各独立电源电压均为零时无源一端口网络的入端电导,这个结论就是诺顿定理。

本实验用图 1-6-1 所示线性网络来验证以上两个定理。

四、实验内容及步骤

1. 按图 1-6-1 接线,改变负载电阻 R_L,测量出 U 和 I 的数值,特别注意要测出 $R_L = 0$ 及 $R_L = \infty$ 时的电压和电流。测量值填入表 1-6-1 中。

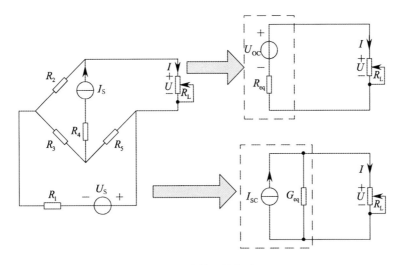

图 1-6-1　线性网络电路图

表 1-6-1　改变负载后电路特性

$R_L(\Omega)$	0							∞
$U(V)$								
$I(mA)$								

2. 测量无源一端口网络的入端电阻

将电流源去掉(开路),电压源去掉,然后用一根导线代替它(短路),再将负载电阻开路,用伏安法或直接用万用表电阻挡测量 AB 两点间的电阻 R_{AB},该电阻即为网络的入端电阻。

3. 调节电阻箱的电阻,使其等于 R_{AB},然后将稳压电源输出电压调到 U_{OC}(步骤 1 时所得的开路电压)与 R_{AB} 串联,如图 1-6-1 所示,重复测量 U_{AB} 和 I_R 的关系曲线,并与步骤 1 所测得的数值进行比较,验证戴维宁定理,将测得的数据填入表 1-6-2 中。

表 1-6-2　验证戴维宁定理测量数据

$R_L(\Omega)$	0							∞
$U(V)$								
$I(mA)$								

4. 验证诺顿定理

用一电流源,其大小为实验步骤 1 中 R_L 短路的电流与一等效电导 $G_{eq} = 1/R_{eq}$ 并联后组成的实际电流源,接上负载电阻,重复步骤 1 的测量,与步骤 1 所测得的数值进行比较,看是否符合诺顿定理。将测得的数据填入表 1-6-3 中。

表 1-6-3　验证诺顿定理测量数据

$R_L(\Omega)$	0							∞
$U(V)$								
$I(mA)$								

五、实验注意事项

1. 测量电流时要注意电流表量程的选取,为使测量准确,电压表量程不应频繁更换。

2. 实验中,电源置零时不可将稳压源短接。

3. 用万用表直接测 R_{eq} 时,网络内的独立源必须先去掉,以免损坏万用表。

4. 改接线路时,要关掉电源。

六、预习思考题

1. 在求戴维宁等效电路时,测短路电流 I_{sc} 的条件是什么? 在本实验中可否直接作负载短路实验? 请在实验前对线路预先做好计算,以便调整实验电路及测量时可准确地选取电表的量程。

2. 总结测有源二端网络开路电压及等效内阻的几种方法,并比较其优缺点。

七、实验报告要求

1. 根据实验步骤 2 和 3,分别绘出曲线,验证戴维宁定理和诺顿定理的正确性,并分析产生误差的原因。

2. 根据实验步骤中用各种方法测得的 U_{OC} 与 R_{eq} 与预习时电路计算的结果做比较,你能得出什么结论。

3. 归纳、总结实验结果。

实验七　最大功率传输条件的实验研究

一、实验目的

1. 了解电源与负载间功率传输的关系。
2. 熟悉负载获得最大功率传输的条件与应用。
3. 通过实验证明用最大功率传输时电源内阻与负载电阻数值的关系。
4. 熟悉测试方法。

二、实验仪器及设备

序　号	仪器名称	规格(型号)	数　量	备　注
1	直流稳压电源		1	
2	直流电压表		1	
3	直流电流表		1	
4	大功率可变电阻箱		1	
5	电工实验平台		1	

三、实验原理

　　一个实际的电源,它产生的总功率通常由两部分组成,即电源内阻所消耗的功率和输出到负载上的功率。在电子技术与仪器仪表领域中,通常由于信号电源的功率较小,所以总是希望在负载上能获得的功率越大越好,这样可以最有效地利用能量。但由于电源总是存在内电阻,其等效电路为一个无内阻的电动势与一个电阻串联构成的二端有源网络。如图1-7-1所示左边框内为电源等效电路,右边框内为负载电阻。

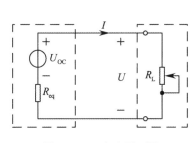

图 1-7-1　实验原理图

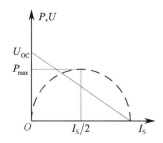

图 1-7-2　最大的功率曲线图

　　在 R_L 上得到的功率为: $P_L = I^2 R_L = \left(\dfrac{U_{OC}}{R_{eq} + R_L}\right)^2 R_L$

　　当 $R_L = 0$ 及 $R_L = \infty$ 时,电源传输给负载的功率均为零,因此 R_L 必有某一值使 $P =$

$P_{\max}$ 为最大值。以不同的 R_L 值代入上式可求出不同的 P 值。可以证明只有当 $R_L = R_{eq}$ 时负载上才能得到最大的功率，如图 1-7-2 所示。

图中 I_S 为当 $R_L = 0$ 时的最大电流：$I_S = U_{OC}/R_{eq}$，事实上只要将负载功率表达式中的 R_L 作为自变量，功率 P 作为应变量并使 $\mathrm{d}P/\mathrm{d}R_L = 0$，即可求出最大功率的条件：

$$\frac{\mathrm{d}P}{\mathrm{d}R_L} = 0 \ 即 \frac{\mathrm{d}P}{\mathrm{d}R_L} = U_{OC}^2 \cdot \frac{(R_{eq} + R_L)^2 - 2R_L(R_L + R_{eq})}{(R_{eq} + R_L)^4}$$

使 $(R_{eq} + R_L)^2 = 2R_L(R_{eq} + R_L) = 0$，得 $R_L = R_{eq}$

当满足 $R_L = R_{eq}$ 时，电路称为最大功率"匹配"，此时负载上的最大功率为：$P_{L\max} = \frac{1}{4}\frac{U_{OC}^2}{R_{eq}}$。

当然，在"匹配"条件下，电源内阻上也消耗与负载电阻上相等的功率。因此，这时电源效率仅为 50%。在电力工程中因为发电机内阻很低，运用到"匹配"条件时功率大大超过容许值会损坏发电机，所以负载电阻应远大于电源内阻，这样也可保持较高效率。但在电子技术领域中因一般信号源内阻都较大，功率也小，所以效率是次要的，主要的是获得最大输出功率。

四、实验内容及步骤

测量实验台上直流稳压电源在不同外加电阻时负载上获得的功率。因电源的内阻较小，为限制电流，实验时采用外加电阻作为电源内阻。实验电路如图 1-7-3 所示。

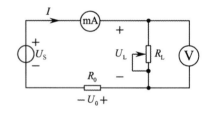

图 1-7-3 最大功率实验电路图

1. 调节 $R_0 = 100\ \Omega$，$U_S = 10\ V$，R_L 在 $0 \sim 1\ k\Omega$ 范围内变化时分别测量出 U_0、U_L、I 的值，并将数据填入表 1-7-1 中。

2. 调节 $R_0 = 500\ \Omega$，$U_S = 15\ V$，R_L 在 $0 \sim 5\ k\Omega$ 范围内变化时分别测量出 U_0、U_L、I 的值，并将数据填入表 1-7-1 中。

表 1-7-1　最大功率实验结果

$R_L(\Omega)$		0	10	20	30	50	100	300	500	1 000	5 000
$U_S = 10\ V$ $R_0 = 100\ \Omega$	$I(\mathrm{mA})$										
	$U_0(\mathrm{V})$										
	$U_L(\mathrm{V})$										
	$P(\mathrm{W})$										
	$P_0(\mathrm{W})$										
$U_S = 15\ V$ $R_0 = 500\ \Omega$	$I(\mathrm{mA})$										
	$U_0(\mathrm{V})$										
	$U_L(\mathrm{V})$										
	$P(\mathrm{W})$										
	$P_0(\mathrm{W})$										

五、实验注意事项

1. 测量电流时要注意电流表量程的选取,为使测量准确,电压表量程不应频繁更换。
2. 改接线路时,要关闭电源。

六、预习思考题

1. 在上述实验电路中固定 R_L 而改变 U_S 为不同值或者将网络两端对调后测试是否也能验证互换等效性。
2. 当负载获得最大功率时,其传输效率是否最大?

七、实验报告要求

1. 从上述图表数据中说明负载获得最大功率的条件。
2. 回答预习思考题。
3. 总结实验心得体会。

实验八　一阶 *RC* 电路的暂态响应

一、实验目的

1. 测定一阶 *RC* 电路的零状态响应和零输入响应,并从响应曲线中求出 *RC* 电路时间常数 τ。

2. 熟悉用一般电工仪表进行上述实验测试的方法。

二、实验仪器及设备

序　号	仪器名称	规格(型号)	数　量	备　注
1	直流稳压电源			
2	直流电压表			
3	直流电流表			
4	双踪示波器			
5	电工实验平台			

三、实验原理

1. 图 1-8-1 所示电路的零状态响应为:

$$i = \frac{U_\mathrm{S}}{R}\mathrm{e}^{-\frac{t}{\tau}} \quad t \geqslant 0_+, \quad u_\mathrm{C} = U_\mathrm{S}(1 - \mathrm{e}^{-\frac{t}{\tau}}) \quad t \geqslant 0_+$$

式中:$\tau = RC$ 是电路的时间常数。

图 1-8-2 所示电路的零输入响应为:

$$i = \frac{U_\mathrm{S}}{R}\mathrm{e}^{-\frac{t}{\tau}} \quad t \geqslant 0_+, \quad u_\mathrm{C} = U_\mathrm{S}\mathrm{e}^{-\frac{t}{\tau}} \quad t \geqslant 0_+$$

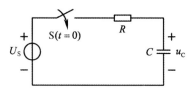

图 1-8-1　一阶段电路零状态响应电路

在电路参数、初始条件和激励都已知的情况下,上述响应的函数式可直接写出。如果用实验的方法来测定电路的响应,可以用示波器等记录仪器记录响应曲线。但如果电路的时间常数 τ 足够大(如 20 s 以上),则可用一般电工仪表逐点测出电路在换路后各给定时刻的电流或电压值,然后画出 $i(t)$ 或 $u_\mathrm{C}(t)$ 的响应曲线。

2. 根据实验所得响应曲线,确定时间常数 τ 的方法如下:

(1) 在图 1-8-3 中曲线任取两点(t_1, i_1)和(t_2, i_2),由于这两点都满足关系式:

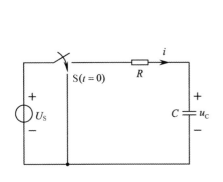

图 1-8-2　一阶电路零输入响应电路

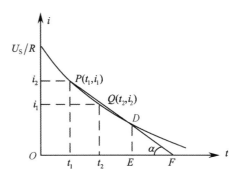

图 1-8-3　实验方法确定 τ 值

$$i = \frac{U_{\rm S}}{R}{\rm e}^{-\frac{t}{\tau}} \quad t \geqslant 0_{+}$$

所以可得时间常数：

$$\tau = \frac{t_2 - t_1}{\ln(i_2/i_1)}$$

（2）在曲线上任取一点 D，作切线 $\overline{DF}$ 及垂线 $\overline{DE}$，则次切距为

$$\overline{EF} = \frac{\overline{DE}}{\tan\alpha} = \frac{i}{(-{\rm d}i/{\rm d}t)} = \frac{i}{i\left(\frac{1}{\tau}\right)} = \tau$$

（3）根据时间常数的定义也可由曲线求 τ。对应于曲线上 i 减小到初值 $I_0 = U_{\rm S}/R$ 的 36.8% 时的时间即为 τ。

t 为不同 τ 时 i 为 i_0 的倍数，如表 1-8-1 所示。

表 1-8-1　t 为不同 τ 时，i 与 i_0 的倍数关系

t	1τ	2τ	3τ	4τ	5τ	$\cdots$	∞
i	$0.368i_0$	$0.135i_0$	$0.050i_0$	$0.018i_0$	$0.007i_0$	$\cdots$	0

四、实验内容及步骤

1. 测定 *RC* 一阶电路零状态响应，接线如图 1-8-4 所示。

图中 C 为大于 1 000 μF/50 V 的大容量电解电容器，实际电容量由实验测定 τ 后求出 $C = \tau/R$，因电解电容器的容量误差允许为 $-50\% \sim +100\%$，且随时间变化较大，以当时实测为准。另外，电解电容器是有正负极性的，

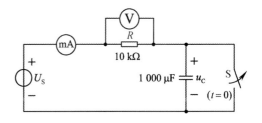

图 1-8-4　*RC* 一阶电路零状态响应实验电路

如果极性接反了漏电流会大量增加甚至会因内部电流的热效应过大而炸毁电容器,使用时必须特别注意!

测定 $i_c = f(t)$ 曲线步骤:

(1) 闭合开关 S,电流表量程选定 2 mA。

(2) 调节直流电压 U_s 至 20 V,记下 $i_c = f(0)$ 值。

(3) 打开 S 的同时进行时间计数,每隔一定时间迅速读记 i_c 值(也可每次读数均从 $t = 0$ 开始),响应起始部分电流变化较快的时间间隔可取 5 s,以后电流缓变部分可取更长间隔。

为了能较准确地直接读取时间常数 τ,可重新闭合开关 S,并先计算好 $0.368i_c(0)$ 的值,打开开关 S 后读取电流表在 $t = \tau$ 时的值。将测量结果填入表 1-8-2 中。

表 1-8-2　一阶零状态响应电流测试

U			R		C		$i_c(0)$	
T								
i_c								
直接测量 τ		曲线两点计算 τ		次切距计算 τ		平均 τ		

测定 $u_c = f(t)$ 曲线步骤:

在 R 上并联直流电压表,量程 20 V,闭合 S,使 $U_s = 20$ V,并保持不变,打开 S 的同时进行时间记数,方法同上,计算 $u_c = u_s - u_R$。将测量结果填入表 1-8-3 中。

表 1-8-3　一阶零状态响应电压测试　$U =$ 　　V

T	0						
u_R							
u_c							
直接测量 τ		曲线两点计算 τ		次切距计算 τ		平均 τ	

2. 测定 RC 一阶电路零输入响应

接线如图 1-8-5 所示,电压表为直流电压表,其各量程内阻均为 4 MΩ,电阻的精度为 0.1%。测定 $i_c = f(t)$ 及 $u_c = f(t)$ 曲线步骤,闭合 S,调节 $U_s = 20$ V,打开 S 的同时进行时间记数,方法同上,计算 $i_c = U_c/R_V = U_c/4$ MΩ。将测量结果填入表1-8-4中。

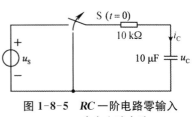

图 1-8-5　RC 一阶电路零输入响应实验电路

表 1-8-4　一阶零输入响应实验结果

U			R_S			R			
T	0	U_C							
U_C									
i_C									

3. 从电路板上选取 $R = 10\,\text{k}\Omega$，$C = 6\,800\,\text{pF}$ 组成如图 1-8-6 所示的 *RC* 充放电电路。u_i 为函数信号发生器输出的 $U_\text{m} = 3V_\text{p-p}$、$f = 1\,\text{kHz}$ 的方波电压信号，并通过两根同轴电缆线，将激励源 u_i 和响应 u_C 的信号分别连至示波器的两个输入口 Y_A 和 Y_B。这时可在示波器的屏幕上观察到激励与响应的变化规律，测算时间常数 τ，并用方格纸按 1∶1 的比例描绘波形。少量地改变电容值或电阻值，定性地观察其对响应的影响，记录观察到的现象。

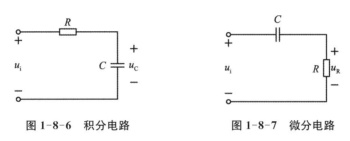

图 1-8-6　积分电路　　　　　图 1-8-7　微分电路

4. 令 $R = 10\,\text{k}\Omega$，$C = 0.01\,\mu\text{F}$，观察并描绘响应的波形，继续增大 C 值，定性地观察对响应的影响。将测量结果填入表 1-8-5 中。

表 1-8-5　积分电路波形测试

u_i	
u_C	

5. 令 $R = 100\,\Omega$，$C = 0.01\,\mu\text{F}$，组成如图 1-8-7 所示的微分电路。在同样的方波激励信号 $U_\text{m} = 3V_\text{p-p}$、$f = 1\,\text{kHz}$ 作用下，观测并描绘激励与响应的波形。增减 R 值，定性地观察其对响应的影响，并做记录。将测量结果填入表 1-8-6 中。当 C 增至 $1\,\text{M}\Omega$ 时，输入输出波形有何本质上的区别？

表 1-8-6　微分波形测试

u_i	
u_R	

五、实验注意事项

1. 调节电子仪器各旋钮时，动作不要过猛。实验前，需熟读双踪示波器的使用说明，尤其是观察双踪时,要特别注意对那些开关、旋钮的操作与调节。

2. 信号源的接地端与示波器的接地端要连在一起(称共地),以防外界干扰而影响测量的准确性。

3. 示波器的辉度不应过亮,尤其是光点长期停留在荧光屏上不动时,应将辉度调暗,以延长示波管的使用寿命。

4. 熟读仪器使用说明,做好实验预习,准备好画图用的方格纸。

六、预习思考题

1. 什么样的电信号可作为 RC 一阶电路零输入响应、零状态响应和完全响应的激励信号?

2. 已知 RC 一阶电路 $R = 30\ \mathrm{k\Omega}$,$C = 0.01\ \mu\mathrm{F}$,试计算时间常数 τ,并根据 τ 值的物理意义,拟定测量 τ 的方案。

3. 何谓积分电路和微分电路,它们必须具备什么条件? 它们在方波序列脉冲的激励下,其输出信号波形的变化规律如何? 这两种电路有何功用?

七、实验报告要求

1. 根据实验观测结果,在方格纸上绘出 RC 一阶电路充放电时 $U_C(t)$ 的变化曲线,由曲线测得 τ 值,并与由参数值计算的结果做比较,分析误差原因。

2. 根据实验观测结果,归纳、总结积分电路和微分电路的形成条件,阐明波形变换的特征。

3. 绘制 $i_C = f(t)$ 及 $u_C = f(t)$ 两种响应曲线,用不同的方法求出时间常数 τ,加以比较。

4. 回答思考题。

5. 总结心得体会。

实验九　二阶 *RLC* 串联电路的暂态响应

一、实验目的

1. 了解电路参数对 *RLC* 串联电路暂态响应的影响。
2. 进一步熟悉利用示波器等电子仪器测量电路暂态响应的方法。

二、实验仪器及设备

序　号	仪器名称	规格(型号)	数　量	备　注
1	直流稳压电源			
2	直流电压表			
3	直流电流表			
4	双踪示波器			
5	电工实验平台			

三、实验原理

RLC 串联电路,无论是零输入响应还是零状态响应,电路过渡过程的性质,完全由特征方程。

$LCp^2 + RCp + 1 = 0$ 的特征根

$$p_{1,2} = -\frac{R}{2L} \pm \sqrt{\left(\frac{R}{2L}\right)^2 - \frac{1}{LC}} = -\alpha \pm \sqrt{\alpha^2 - \omega_0^2}$$ 来决定,式中

$$\alpha = R/2L \quad \omega_0 = 1/\sqrt{LC}$$

(1) 如果 $R > 2\sqrt{\frac{L}{C}}$,则 $p_{1,2}$ 为两个不相等的负实根,电路过渡过程的性质为过阻尼的非振荡过程。

(2) 如果 $R = 2\sqrt{\frac{L}{C}}$,则 $p_{1,2}$ 为两个不相等的负实根,电路过渡过程的性质为临界阻尼过程。

(3) 如果 $R < 2\sqrt{\frac{L}{C}}$,则 $p_{1,2}$ 为一对共轭复根,电路过渡过程的性质为欠阻尼的振荡过程。

改变电路参数 R、L 或 C，均可使电路发生上述三种不同性质的过程。

从能量变化的角度来说明，由于 RLC 电路中存在着两种不同性质的贮能元件，因此它的过渡过程就不仅是单纯的积累能量和放出能量，还可能发生电容的电场能量和电感的磁场能量互相反复交换的过程，这一点决定于电路参数。当电阻比较小时（该电阻应是电感线圈本身的电阻和回路中其余部分电阻之和），电阻上消耗的能量较小，而 L 和 C 之间的能量交换占主导位置。所以电路中的电流表现为振荡过程，当电阻较大时，能量来不及交换就在电阻中消耗掉了，使电路只发生单纯的积累或放出能量的过程，即非振荡过程。

在电路发生振荡过程时，其振荡的性质也可分为三种情况：

（1）衰减振荡：电路中电压或电流的振荡幅度按指数规律逐渐减小，最后衰减到零。

（2）等幅振荡：电路中电压或电流的振荡幅度保持不变，相当于电路中电阻为零，振荡过程不消耗能量。

（3）增幅振荡：此时电压或电流的振荡幅度按指数规律逐渐增加，相当于电路中存在负值电阻，振荡过程中逐渐得到能量补充。所以，RLC 二阶电路暂态响应的各种形式与条件可归结如下：

① $R > 2\sqrt{\dfrac{L}{C}}$，非振荡过阻尼状态；

② $R = 2\sqrt{\dfrac{L}{C}}$，非振荡临界阻尼状态；

③ $R < 2\sqrt{\dfrac{L}{C}}$，衰减振荡状态；

④ $R = 0$，等幅振荡状态；

⑤ $R < 0$，增幅振荡状态。

必须注意，最后两种状态的实现，电路中需接入负电阻元件。

四、实验内容及步骤

1. RLC 串联响应

（1）实验接线如图 1-9-1 所示

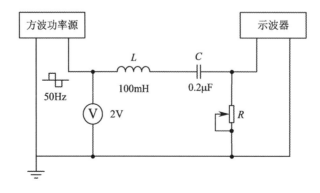

图 1-9-1　RLC 二阶暂态响应电路

图中 L、C、R 为电感、电容、电阻元件,改变电阻的参数可获得各种响应状态。信号发生器的输出接地端与示波器的输出接地端连接。振荡电路中电流 I 在 R 上产生取样信号电压加于示波器的 Y 输入端即能测量 $i = f(t)$ 的波形与数值。

测定 RLC 电路非振荡临界响应时,必须仔细观察振荡电流是否经过最大值后逐渐衰减至零,如果电流衰减中有变向至负值再衰减为零,说明还是振荡状态。

(2)选信号源方波频率为 500 Hz,输出幅度 2 V 固定不变,L 可用互感器原边或副边线圈,如需改变电感量可将线圈顺向串联。C 选用 0.2 μF,R 用电阻箱,可在 100 Ω~1 kΩ 范围内改变,观察并描绘 $R < 2\sqrt{\dfrac{L}{C}}$,$R = 2\sqrt{\dfrac{L}{C}}$ 以及 $R > 2\sqrt{\dfrac{L}{C}}$ 的响应波形。

(3)观察 RL 及 RC 二阶电路的暂态响应,并分析它们的特点。

将二阶电路波形测试结果填入表 1-9-1 中。

表 1-9-1 二阶电路波形测试结果

u_i	
u_R	

2. *GLC* 并联响应

利用动态电路板中的元件与开关的配合作用,组成如图 1-9-2 所示的 *GLC* 并联电路。令 $R_1 = 10$ kΩ,$L = 4.7$ mH,$C = 1\,000$ pF,R_2 为 10 kΩ 可调电阻。令脉冲信号发生器的输出为 $U_{im} = 1.5$ V,$f = 1$ kHz 的方波脉冲,通过同轴电缆接至图中的激励端,同时用同轴电缆将激励端和响应输出接至双踪示波器的 Y_A 和 Y_B 两个输入口。

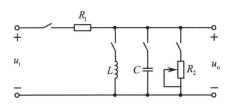

图 1-9-2 *GLC* 二阶暂态响应电路

(1)调节可变电阻器 R_2 的值,观察二阶电路的零输入响应和零状态响应由过阻尼过渡到临界阻尼,最后过渡到欠阻尼的变化过渡过程,分别定性地描绘、记录响应的典型变化波形。

(2)调节 R_2 使示波器荧光屏上呈现稳定的欠阻尼响应波形,定量测定此时电路的衰减常数 α 和振荡频率 ω_d。

(3)改变一组电路参数,如增、减 L 或 C 之值,重复步骤(2)的测量,并做记录。随后仔细观察,改变电路参数时,ω_d 与 α 的变化趋势,并将测得的数据填入表 1-9-2 中。

表 1-9-2 *GLC* 并联谐振实验数据

电路参数 实验次数	元 作 参 数					测量值
	R_1	R_2	L	C	α	ω_d
1	10 kΩ	调至某一次欠阻尼状态	4.7 mH	1 000 pF		
2	10 kΩ		4.7 mH	0.01 μF		
3	30 kΩ		4.7 mH	0.01 μF		
4	10 kΩ		10 mH	0.01 μF		

五、实验注意事项

1. 用示波器定量测量时,微调旋钮应置"校准"位置。
2. 要细心、缓慢地调节变阻器 R,找准临界阻尼和欠阻尼状态。
3. 观察双踪示波器的波形时,应设法使显示稳定。

六、预习思考题

1. 根据二阶电路元件的参数,事先计算出临界阻尼状态的 R 值。
2. 如何在示波器上测得二阶电路零输入响应欠阻尼状态的衰减常数 α 和振荡频率 ω_d?

七、实验报告

1. 根据观测结果,在方格纸上描绘二阶电路过阻尼、临界阻尼和欠阻尼的响应波形。
2. 测算欠阻尼振荡曲线上的 α 与 ω_d。
3. 归纳、总结电路元件参数的改变,及对响应变化趋势的影响。
4. 根据实验数据按比例绘出 RLC 串联二阶电路 $R < 2\sqrt{\dfrac{L}{C}}$,$R = 2\sqrt{\dfrac{L}{C}}$ 以及 $R > 2\sqrt{\dfrac{L}{C}}$ 时的响应曲线,并加以分析比较。
5. 绘出 RC、RL 一阶电路的瞬态响应曲线,并分析比较特点。
6. 回答预习思考题。
7. 总结本次实验的心得体会。

实验十　用一表法和二表法测量交流电路的等效阻抗

一、实验目的

1. 掌握用二表法及一表法测量交流电路等效参数的方法。
2. 熟练仪器仪表的使用技术。

二、实验仪器及设备

序　号	仪器名称	规格(型号)	数　量	备　注
1	函数发生器		1	
2	交流电压表		1	
3	交流电流表		1	
4	电工实验平台		1	

三、实验原理

交流电路元件的等效参数可利用交流电压表及交流电流表测量或仅用交流电压表测量后经运算求出,这种方法对简化复杂的一端口无源网络具有实用意义。

四、实验内容及步骤

1. 二表法测量电路

图 1-10-1 中,$R = 300\ \Omega$ 为外加电阻,其阻值的大小、精度与测量结果误差无关,激励电源用函数信号源,频率调节在 200 Hz,$U_1 = 15\ \text{V}$(不用 50 Hz 电网电源是由于电网波形失真过大,电压不稳定等原因),用交流电压表测量 U_1、U_2 及 U_R,用电流表测量线路电流,Z 为任意复阻抗的一端口网络。本实验中用一个 RLC 组合电路来模拟,电路如图 1-10-2 所示。

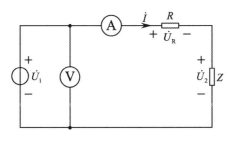

图 1-10-1　交流电路参数测量电路图

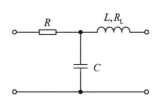

图 1-10-2　RLC 组合电路

其中 L 采用互感器原边或副边线圈,标称电感量 100 mH,实际值可用电感表测量后标注,R_L 为线圈电阻 ($R = 50\ \Omega$),可用电阻箱电阻,$C = 2\ \mu F$ 可用电容箱电容,如果 Z 为电感性阻抗则向量图如图 1-10-3 所示。$\dot{U}_1$、$\dot{U}_R$、$\dot{U}_2$ 组成闭合三角形 $\triangle OAB$,且有 $\dot{U}_1 = \dot{U}_R + \dot{U}_2$,由余弦定理可求出:

$$\cos \varphi_1 = \frac{U_1^2 + U_R^2 - U_2^2}{2U_1 U_R}$$

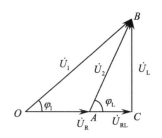

图 1-10-3　相量图

$\dot{U}_2$、$\dot{U}_{RL}$、$\dot{U}_L$ 组成闭合三角形 $\triangle BAC$,且有 $\dot{U}_2 = \dot{U}_{RL} + \dot{U}_L$,则:

$$U_{RL} = U_1 \cos \varphi_1 - U_R,\quad U_L = U_1 \sin \varphi_1,$$

$$R'_L = \frac{U_{RL}}{I},\quad L' = \frac{U_L}{\omega I} = \frac{U_L}{2\pi f I}。$$

同理,如 Z 为容性阻抗也一样可求出等效参数,判断 Z 的阻抗性质可在 Z 两端并上一个小电容,通过观察电流变化来确定。

2. 一表法测量电路

一表法测量线路同上,但串联电阻 R_S 的阻值应预先已知,这样线路电流 $I = U_R / R_S$,其余计算方法同上,此法实用性更强。二表法和一表法测量数值填入表 1-10-1,1-10-2 中。

表 1-10-1　二表法实验数据

U_1(V)	U_R(V)	U_2(V)	I(mA)	$R_S = U_R/I$	
计算数据					
$Z(\Omega)$	$\cos \varphi$	φ	等效 $R'_L(\Omega)$	等效 L'(mH)	等效 $C'(\mu F)$

表 1-10-2　一表法实验数据

U_1(V)	U_R(V)	U_2(V)	$I = U_R/R_S$	$R_S(\Omega)$	
计算数据					
$Z(\Omega)$	$\cos \varphi$	φ	等效 $R'_L(\Omega)$	等效 L'(mH)	等效 $C'(\mu F)$

五、实验注意事项

1. 本实验直接用市电 220 V 交流电源供电,实验中要特别注意人身安全,必须严格遵守安全用电操作规程,不可用手直接触摸通电线路的裸露部分,以免触电。

2. 自耦调压器在接通电源前,应将其手柄置在零位上,输出电压从零开始逐渐升高。

每次改接实验电路或实验完毕,都必须先将其旋柄慢慢调回零位,再断电源。

3. 功率表要正确接入电路,并且要有电压表和电流表监测,使两表的读数不超过功率表电压和电流的量程。

4. 在测量有电感线圈 L 的支路时,要用电流表监测电感支路中的电流不得超过 0.4 A。

六、预习思考题

1. 在 50 Hz 的交流电路中,测得一只铁芯线圈的 P、I 和 U,如何算得它的阻值及电感量?

2. 如何用串联电容的方法来判别阻抗的性质? 试用 I 随 X_C(串联容抗)的变化关系做定性分析,证明串联试验时,C' 满足

$$\frac{1}{\omega C'} < |\, 2X \,|$$

七、实验报告要求

1. 根据实验数据,完成各项数据表格的计算。
2. 回答预习思考题中的问题。
3. 总结功率表与自耦调压器的使用方法。
4. 总结心得体会及其他。

实验十一　用三表法测量交流电路的等效阻抗

一、实验目的

1. 学习用功率表、电压表、电流表测定交流电路元件等效参数的方法。
2. 掌握功率表的使用方法。

二、实验仪器及设备

序　号	仪器名称	规格(型号)	数　量	备　注
1	函数发生器		1	
2	交流电压表		1	
3	交流电流表		1	
4	电工实验平台		1	

三、实验原理

由功率表 W 测量一端口网络 Z 的功率 P，电压表、电流表分别测量 Z 的电压与电流，如果 Z 的阻抗为感性，则有：

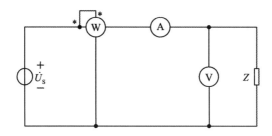

图1-11-1　三表法测量交流电路参数实验原理图

$$|Z| = \frac{U}{I}, \quad \cos\varphi = \frac{P}{UI}$$

由上式可计算等值参数

$$R' = |Z|\cos\varphi, \quad L' = \frac{X_L}{\omega} = \frac{|Z|\sin\varphi}{\omega}$$

如果 Z 是容性阻抗，则其等值参数为：

$$R' = |Z|\cos\varphi, \quad C' = \frac{1}{\omega X_L} = \frac{1}{|Z|\,\omega\sin\varphi}$$

四、实验内容及步骤

1. 图 1-11-1 中阻抗网络 Z 可采用图 1-11-2 结构，$C = 10\,\mu\text{F}$，可用电容箱电容，L 为互感器线圈(具有 L 和 R_L)，R 可用电阻箱。

2. 按图 1-11-1 接好线路，功率表同名端连在一起，电流量程可选 0.4 A，电压量选 50 V。

3. 输出电压逐渐增加至 6 V 左右，增加过程中随时观察电流表与电压表，显示值不超过功率表量程。将三表法交流电路参数测量结果填入表 1-11-1 中。

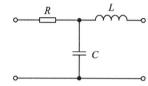

图 1-11-2　阻抗网络 Z 结构

表 1-11-1　三表法交流电路参数测量结果

直 接 测 量 值			中 间 计 算 量			网 络 等 效 参 数	
$U(\text{V})$	$I(\text{A})$	$P(\text{W})$	$Z(\Omega)$	$\cos\varphi$	φ	$R(\Omega)$	L 或 C

4. 三表法测量电路

(1) 按图 1-11-3 接线，经指导教师检查后，方可接通市电电源。

(2) 分别测量 15 W 白炽灯 (R)、40 W 日光灯镇流器 (L) 和 4.7 μF 电容器 (C) 的等效参数。要求 R 和 C 两端所加电压为 220 V，L 中流过的电流小于 0.4 A。

(3) 测量 L、C 串联与并联后的等效参数。将测量数据填入表 1-11-2 中。

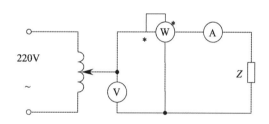

图 1-11-3　三表法交流参数测量电路

表 1-11-2　测量 L、C 串联与并联等效参数

被测阻抗	测量值				计算值		电路等效参数		
	$U(\text{V})$	$I(\text{A})$	$P(\text{W})$	$\cos\varphi$	$Z(\Omega)$	$\cos\varphi'$	$R(\Omega)$	$L(\text{H})$	$C(\mu\text{F})$
15 W 白炽灯 R									
电感线圈 L									
电容器 C									
L 与 C 串联									
L 与 C 并联									

（4）验证用串、并联电容法判别负载性质的正确性。实验电路同图 1-11-3,但不必接功率表,应按表 1-11-3 中内容进行测量和记录。

表 1-11-3 串并联电容后的测量结果

被测元件	串 1 μF 电容		并 1 μF 电容	
	串前端电压（V）	串后端电压（V）	并前电流（A）	并后电流（A）
R（三只 15 W 白炽灯）				
C（4.7 μF）				
L（1 H）				

五、实验注意事项

1. 功率表的同名端按标准接法连接在一起,否则功率表中指针表的指针反偏而数字表无显示。

2. 使用功率表测量时必须正确选定电压量程与电流量程,按下相应的键式开关,否则功率表将有不适当显示。

3. 本实验中电源也可采用变频电源,但参数可做适当调整。

六、预习思考题

1. 若用功率因数表替换三表法中的功率表是否也能测出元件的等值阻抗？为什么？

2. 用三表法测参数时,为什么在被测元件两端并接电容可判断元件的性质？试用向量图加以说明。

七、实验报告要求

1. 分析 R、L、C 串联电路时,电路中阻抗、电压和电流的计算。

2. 绘制电压、功率和阻抗三角形。

3. 根据测量数据,绘制出相应的相量图。

4. 回答思考题。

实验十二　日光灯功率因数提高方法的研究

一、实验目的

1. 熟悉日光灯的接线,做到能正确迅速地连接电路。
2. 通过实验了解功率因数提高的意义。
3. 熟悉功率表的使用。

二、实验仪器及设备

序　号	仪器名称	规格(型号)	数　量	备　注
1	交流电压表		1	
2	交流电流表		1	
3	功率表		1	
4	电工实验平台		1	

三、实验原理

日光灯由灯管 A、镇流器 L(带铁芯的电感线圈)和启动器 S 组成,当接通电源后,启动器内发生辉光放电,双金属片受热弯曲,触点接通,将灯丝预热使它发射电子,启动器接通后辉光放电停止,双金属片冷却,又把触点断开,这时镇流器感应出高电压加在灯管两端使日光灯管放电,产生大量紫外线,灯管内壁的荧光粉吸收后辐射出可见的光,日光灯就开始正常工作(图 1-12-1)。启动器相当于一只自动开关,能自动接通电路(加热灯丝)和开断电路(使镇流器产生高压,将灯管击穿放电)。镇流器的作用除了感应高压使灯管放电外,在日光灯正常工作时,起限制电流的作用,镇流器的名称也由此而来,由于电路中串联着镇流器,它是一个电感量较大的线圈,因而整个电路的功率因数不高。

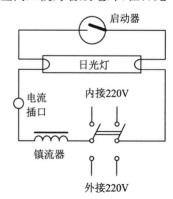

图 1-12-1　日光灯工作原理图

负载功率因数过低,一方面没有充分利用电源容量,另一方面又在输电电路中增加损耗。为了提高功率因数,一般最常用的方法是在负载两端并联一个补偿电容器,抵消负载电流的一部分无功分量。在日光灯接电源两端并联一个可变电容器,当电容器的容量逐渐增加时,电容支路电流 I_C 也随之增大,因 $\dot{I}_C$ 超前电压 $\dot{U}$ 90°,可以抵消电流 I_G 的一部分无功分量 I_{GL},结果总电流 I 逐渐减小,但如果电容器 C 增加过多(过补偿)，$I_{CS} > I_{GL}$，则总电流又将增大($I_3 > I_2$)。

四、实验内容及步骤

1. 将日光灯及可变电容箱元件按实验电路图 1-12-2(a)所示连接。在各支路串联接入电流表插座，再将功率表接入线路，按图接线并经检查后，接通电源，电压增加至 220 V。

2. 改变可变电容箱的电容值，先使 $C = 0$，测日光灯单元(灯管、镇流器)两端的电压及电源电压，读取此时灯管电流 I_G 及功率表读数 P，并记入表格 1-12-1。

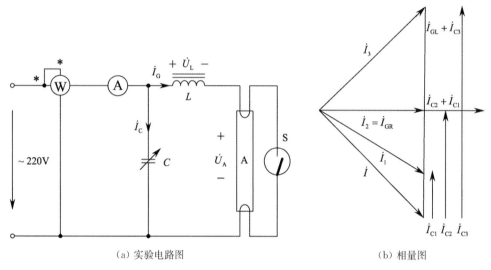

(a) 实验电路图　　　　　　　　　　(b) 相量图

图 1-12-2　日光灯实验电路图

3. 逐渐增加电容 C 的数值，测量各支路的电流和总电流。电容值不要超过 $C = 6\ \mu\mathrm{F}$，否则电容电流过大。

4. 绘出 $I = f(C)$ 的曲线，并分析讨论。

表 1-12-1　功能因数测量数据

电容 (μF)	总电压 U(V)	U_L(V)	U_A(V)	总电流 I(mA)	I_C(mA)	I_G(mA)	功率 P(W)	功率因数 $\cos\varphi$

（续表）

电容 (μF)	总电压 U(V)	U_L(V)	U_A(V)	总电流 I(mA)	I_C(mA)	I_G(mA)	功率 P(W)	功率因数 $\cos\varphi$

五、实验注意事项

1. 日光灯电路是一个复杂的非线性电路,原因有二,其一是灯管在交流电压接近零时熄灭,使电流间隙中断;其二是镇流器为非线性电感。

2. 日光灯管功率(本实验中日光灯管功率为 30 W)及镇流器所消耗功率都随温度而变,在不同环境温度及接通电路后不同时间中功率会有所变化。

3. 电容器在交流电路中有一定的介质损耗。

4. 日光灯启动电压随环境温度会有所改变,一般在 180 V 左右可启动,日光灯启动时电流较大(约 0.6 A),工作时电流约 0.37 A,注意仪表量程的选择。

5. 本实验中日光灯电路标明在实验板上,实验时将双向开关扳向"外接 220 V 电源"一侧,当开关扳向"内接电源"时由内部已将 220 V 电源接至日光灯作为平时照明光源之用。灯管两端电压及镇流器两端电压可在板上接线插口处测量。

6. 功率表的同名端按标准接法连接在一起,否则功率表中模拟指针表反向偏转,数字表则无显示。

7. 使用功率表测量时必须按下相应的电压、电流量程开关,否则可能会有不适当显示。

8. 为保护功率表中指针表开机冲击,功率表采用指针表开机延时工作方式,仪表通电后约 10 s 两表自动进入同步显示。

9. 如本实验数据不符合理论规律,首先应检查供电电源波形是否过分畸变。因目前电网波形高次谐波分量相当高,安装电源进线滤波器是改善实验效果最有效的措施。

10. 如果使用功率与功率因数组合表时,则电流部分的量程在启动时应在 4 A,正常工作后应在 0.4 A。功率因数表动作范围是量程的 $10\%\sim120\%$。

六、预习思考题

1. 参阅课外资料,了解日光灯的启辉原理。

2. 在日常生活中,当日光灯上缺少了启辉器时,人们常用一根导线将启辉器的两端短接一下,然后迅速断开,使日光灯点亮;或用一只启辉器去点亮多只同类型的日光灯,这是为什么?

3. 为了提高电路的功率因数,常在感性负载上并联电容器,此时增加了一条电流支路,试问电路的总电流是增大还是减小,此时感性元件上的电流和功率是否改变?

4. 提高线路功率因数为什么只采用并联电容器法,而不用串联法? 所并的电容器是否越大越好？

5. 若日光灯在正常电压下不能启动点燃,如何用电压表测出故障发生的位置？试简述排除故障的过程。

七、实验报告要求

1. 完成数据表格中的计算,进行必要的误差分析。
2. 根据实验数据,分别绘出电压、电流相量图,验证相量形式的基尔霍夫定律。
3. 讨论改善电路功率因数的意义和方法。
4. 总结装接日光灯线路的心得体会及其他。

实验十三　正弦交流电路中 *RLC* 元件的阻抗频率特性

一、实验目的

1. 加深了解 R、L、C 元件的频率与阻抗的关系。
2. 加深理解 R、L、C 元件端电压与电流间的相位关系。
3. 掌握常用阻抗模和阻抗角的测试方法。
4. 熟悉低频信号发生器等常用电子仪器的使用方法。

二、实验仪器及设备

序　号	仪器名称	规格(型号)	数　量	备　注
1	函数发生器		1	
2	交流电压表		1	
3	交流电流表		1	
4	双踪示波器		1	
5	电工实验平台		1	

三、实验原理

正弦交流电可用三角函数表示,即由最大值(U_m 或 I_m)、频率 f(或角频率 $\omega = 2\pi f$)和初相位 ψ 三要素来决定。在正弦稳态电路的分析中,由于电路中各处电压、电流都是同频率的交流电,所以电流、电压可用相量表示。

在频率较低的情况下,电阻元件通常略去其电感及分布电容而看成是纯电阻。此时其端电压与电流可用复数欧姆定律来描述:

$$\dot{U} = R\dot{I}$$

式中 R 为线性电阻元件,U 与 I 之间无相角差。电阻中吸收的功率为:

$$P = UI = RI^2$$

因为略去附加电感和分布电容,所以电阻元件的阻值与频率无关,即 $R\text{-}f$ 关系如图 1-13-1 所示。

电容元件在低频时也可略去其附加电感及电容极板间介质的功率损耗,因而可认为只具有电容 C。在正弦电压作用下流过电容的电流之间也可用复数欧姆定律来表示:

$$U = X_C \dot{I}$$

式中 X_C 是电容的容抗,其值为:$X_C = \dfrac{1}{j\omega C}$。

所以有 $\dot{U} = \dfrac{1}{j\omega C}\dot{I} = \dfrac{\dot{I}}{\omega C}\angle{-90°}$,电压 $\dot{U}$ 滞后电流 $\dot{I}$ 的相角为 $90°$,电容中所吸收的功率平均为零。

电容的容抗与频率的关系 X_C-f 曲线如图 1-13-2 所示。

电感元件因其由导线绕成,导线有电阻,在低频时如略去其分布电容则它仅由电阻 R_L 与电感 L 组成。

在正弦电流的情况下其复阻抗为

$$Z = R_L + j\omega L = \sqrt{R_L^2 + (\omega L)^2}\angle\varphi = |Z|\angle\varphi$$

式中 R_L 为线圈导线电阻。阻抗角 φ 可由 R_L 及 L 参数来决定:

$$\varphi = \arctan\frac{\omega L}{R_L}$$

电感线圈上电压与流过的电流间关系为

$$\dot{U} = (R_L + j\omega L)\dot{I} = |Z|\dot{I}\dot{U} = (R_L + j\omega L)\dot{I} = Z\angle\varphi\dot{I}$$

电压超前电流 $90°$,电感线圈所吸收的平均功率为:$P = UI\cos\varphi = I^2 R_L$,$X_L$ 与频率的关系如图 1-13-3 所示。

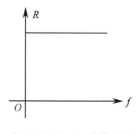

图 1-13-1　R-f 关系图

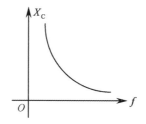

图 1-13-2　X_C-f 关系图

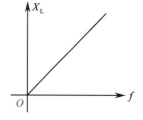

图 1-13-3　X_L-f 关系图

四、实验内容及步骤

1. 测量 R-f 特性

实验电路如图 1-13-4 所示。本线路除测 R-f 特性外,还可验证电压及电流关系。

调节低频信号源使 $f = 1\ \text{kHz}$,$U_{AC} = 5\ \text{V}$。测量并记录电阻上的电压。按表 1-13-1 规定的频率重复测量。

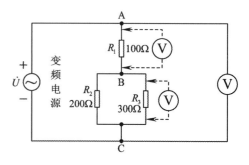

图 1-13-4　测量 R-f 特性实验电路图

表 1-13-1　R-f 特性实验数量

测量 f(Hz)	U_{AC} (V)	U_{BC} (V)	U_{AB} (V)	$U_{AB}+U_{BC}=U_{AC}$? (V)	I_{R1} (mA)	I_{R2} (mA)	I_{R3} (mA)	$I_{R2}+I_{R3}=I_{R1}$? (mA)
200								
400								
600								
800								
1 000								

2. 测量 X_L-f 特性

实验电路如图 1-13-5 所示。X 为被测阻抗，R 为限流电阻。调节低频信号源输出电压为 5 V，改变频率重复测量电感线圈上电压 U_L，电阻上电压 U_R，并将测得数据列入表 1-13-2 中。

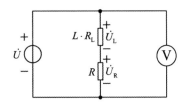

图 1-13-5　测量 X_L-f 特性实验电路图

表 1-13-2　测量 X_L-f 特性实验数据

f(Hz)	50	100	150	200	250	300	350	400	500
U_L(V)									
U_R(V)									
I_R(mA)									
测量 X_L									
计算 X_L									
误差(%)									

3. 测量 X_C-f 特性

将图 1-13-5 中的 X 改接为电容，$C=1\,\mu F$，R 不变，低频信号源输出电压 $U=5\,V$，频率仍按表 1-13-2 所列数值，重复测量 U_C，U_R，并将测得数据填入表 1-13-3 中。

表 1-13-3　测量 X_C-f 特性实验数据

f(Hz)	50	100	150	200	250	300	350	400	500
U_C(V)									
U_R(V)									
I_R(mA)									
测量 X_C									
计算 X_C									
误差(%)									

五、实验注意事项

1. 晶体管毫伏表属于高阻抗电表,测量前必须先用表笔短接两个测试端钮,使指针逐渐回零后再进行测量。

2. 测 φ 时,示波器的"V/cm"和"t/cm"的微调旋钮应旋转到"校准位置"。

六、预习思考题

1. 测量 R、L、C 元件的频率特性时,如何测量流过被测元件的电流? 为什么要与它们串联一个小电阻?

2. 如何用示波器观测阻抗角的频率特性?

3. 在直流电路中,C 和 L 的作用如何?

七、实验报告要求

1. 根据实验数据,在坐标纸上分别绘制 R、L、C 三个元件的阻抗频率特性曲线和 L、C 元件的阻抗角频率特性曲线。

2. 回答预习思考题。

3. 根据实验数据,总结、归纳出本次实验的结论。

实验十四　串联谐振电路

一、实验目的

1. 学会用实验的方法测定 R、L、C 串联谐振电路的电压和电流以及学会绘制谐振曲线。

2. 加深理解串联谐振电路的频率特性和电路品质因数的物理意义。

二、实验仪器及设备

序　号	仪器名称	规格(型号)	数　量	备　注
1	函数发生器		1	
2	交流电压表		1	
3	交流电流表		1	
4	双踪示波器		1	
5	电工实验平台		1	

三、实验原理

在 R、L、C 串联电路中,当外加正弦交流电压的频率可变时,电路中的感抗、容抗和电抗都随着外加电源频率的改变而变化,因而电路中的电流也随着频率而变化。这些物理量随频率而变的特性绘成曲线,就是它们的频率特性曲线。

由于: $X_L = \omega L$, $X_C = \dfrac{1}{\omega C}$,

$$X = X_L - X_C = \omega L - \dfrac{1}{\omega C}$$

$$|Z| = \sqrt{R^2 + \left(\omega L - \dfrac{1}{\omega C}\right)^2} ,$$

$$\varphi = \arctan \dfrac{\omega L - \dfrac{1}{\omega C}}{R}$$

将它们的频率特性曲线绘出,就如实验图 1-14-1 所示的一系列曲线,当 $X_L = X_C$ 时的频率 ω 叫作串联谐振频率 ω_0 ,这时电路是呈谐振状态,谐振角频率为:

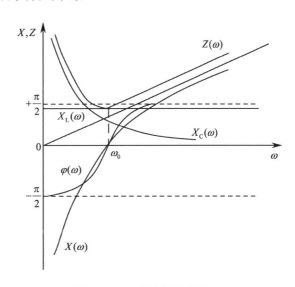

图 1-14-1　频率特性曲线

$$\omega = \omega_0 = \frac{1}{\sqrt{LC}}$$

谐振频率：

$$f_0 = \frac{1}{2\pi\sqrt{LC}}$$

可见谐振频率取决于电路参数 L 及 C，随着频率的变化，当 $\omega < \omega_0$ 时电路呈容性；当 $\omega > \omega_0$ 时电路呈感性；当 $\omega = \omega_0$ 时，即在谐振点电路出现纯阻性。

如维持外加电压 U 不变，并将谐振时的电流表示为：$I_0 = \dfrac{U}{R}$，则电路的品质因数 Q 为：$Q = \dfrac{\omega_0 L}{R}$。

改变外加电压的频率，做出如图 1-14-2 所示的电流谐振曲线，它的表达式为：

$$\frac{I}{I_0} = \frac{1}{\sqrt{1 + Q^2\left(\dfrac{\omega}{\omega_0} - \dfrac{\omega_0}{\omega}\right)^2}}$$

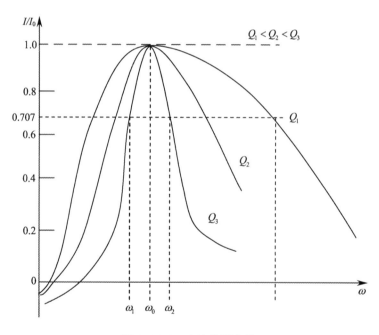

图 1-14-2　电流谐振曲线

当电路的 L 及 C 维持不变，只改变 R 的大小时，可以做出不同 Q 值的谐振曲线，Q 值越大，曲线越尖锐，在这些不同 Q 值谐振曲线图上通过纵坐标 $I/I_0 = 0.707$ 处作一平行于横轴的直线，与各谐振曲线交于两点：ω_1 及 ω_2，Q 值越大，这两点之间的距离越小，可以证明：$Q = \dfrac{\omega_0}{\omega_0 - \omega_1}$。

上式说明电路的品质因数越大、谐振曲线越尖锐、电路的选择性越好，相对通频带

$\dfrac{\omega_2-\omega_1}{\omega_0}$ 越小,这就是 Q 值的物理意义。

实验中用交流电压表测出 U_R,则 $I=\dfrac{U_R}{R}$,在保持 U_i 不变的情况下,改变频率 f 测量对应的 U_R。

四、实验内容及步骤

实验模块(一)

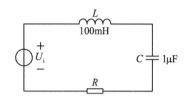

1. 按图 1-14-3 串联实验电路。选 $C=1\,\mu\mathrm{F}$,$R_1=100\,\Omega$,$L=100\,\mathrm{mH}$(用互感器原边),保持 $U_i=10\,\mathrm{V}$,做出电流谐振曲线。

图 1-14-3　串联实验电路图

2. 选 $C=1\,\mu\mathrm{F}$,$R_2=400\,\Omega$,$L=100\,\mathrm{mH}$(用互感器原边),保持 $U_i=5\,\mathrm{V}$,做出电流谐振曲线。

3. 记录实验结果(表 1-14-1)

表 1-14-1　串联实验电路参数结果

串联谐振回路参数						
$R_1=$　Ω	$R_2=$　Ω	$C=$　μF	$R_1=$　mH	$R_L=$　Ω		
$R=R_1+R_L$ 时实验测量数据						
f(Hz)						
U_i(V)						
U_R(V)						
U_C(V)						
U_{LR}(V)						
$R=R_2+R_L$ 时实验测量数据						
f(Hz)						
U_i(V)						
U_R(V)						
U_C(V)						
U_{LR}(V)						

实验模块(二)

1. 按图 1-14-4 组成监视、测量电路。选用 $R=100\,\Omega$、$C=0.01\,\mu\mathrm{F}$。用交流毫伏表测量电压,用示波器监视信号源输出。令信号源输出电压为 $U_i=3\,\mathrm{V}$ 的正弦波,并在整个实验过程中保持不变。

2. 找出电路的谐振频率 f_0,其方法是,将毫伏表跨接在 R 两端,令信号源的频

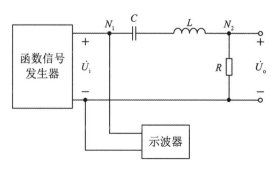

图 1-14-4　串联实验电路图

率由小逐渐变大(注意要维持信号源的输出幅度不变),当 U_0 的读数为最大时,读得频率计上的频率值即为电路的谐振频率 f_0,并测量 U_0、U_{L0}、U_{C0} 的值(注意及时更换毫伏表的量程),记入表 1-14-2 中。

表 1-14-2　串联谐振电路测量数据

$R(\Omega)$	$f_0(\mathrm{kHz})$	$U_0(\mathrm{V})$	$U_{L0}(\mathrm{V})$	$U_{C0}(\mathrm{V})$	$I_0(\mathrm{mA})$	Q
100						
510						

3. 在谐振点两侧,应先测出下限频率 f_L 和上限频率 f_H 及相对应的 U_0 值,然后再逐点测出不同频率下的 U_0 值,并将测得的数据填入表 1-14-3 中。

表 1-14-3　谐振点测量数据一

$f_0(\mathrm{kHz})$	
$U_0(\mathrm{V})$	
$I(\mathrm{mA})$	
$U_i = 3\mathrm{V}$, $C = 0.01\ \mu\mathrm{F}$, $R = 100\ \Omega$, $f_0 = \quad$, $f_H - f_L = \quad$, $Q = $	

4. 将电阻 R 改为 510 Ω,重复步骤 2,3 的测量过程,并将测得的数据填入表 1-14-4 中。

表 1-14-4　谐振点测量数据二

$f_0(\mathrm{kHz})$	
$U_0(\mathrm{V})$	
$I(\mathrm{mA})$	
$U_i = 3\mathrm{V}$, $C = 0.01\ \mu\mathrm{F}$, $R = 510\ \Omega$, $f_0 = \quad$, $f_H - f_L = \quad$, $Q = $	

5. 选用 $R = 100\ \Omega$、$C = 0.056\ \mu\mathrm{F}$,重复步骤 2～4。

五、实验注意事项

1. 测试频率点的选择应在靠近 f_0 附近多取几点,在改变频率测试前,应调整信号输出幅度(用毫伏表监视输出幅度),使其维持 1 V 输出不变。

2. 在测量 U_C 和 U_L 数值前,应将毫伏表的量程改大,而且在测量 U_L 与 U_C 时毫伏表的"+"端接 C 与 L 的公共点,其接地端分别触及 L 和 C 的非公共点。

3. 实验过程中交流毫伏表的电源线采用两线插头。

六、预习思考题

1. 根据实验电路板给出的元件参数值,估算电路的谐振频率。

2. 改变电路的哪些参数可以使电路发生谐振,如何判别电路是否发生谐振?

3. 电路发生串联谐振时,为什么输入电压不能太大?如果信号源给出 1 V 的电压,电路谐振时,用交流毫伏表测量 U_L 与 U_C,应该选择用多大的量程?

　4. 电路谐振时,对应的 U_L 与 U_C 是否相等,如有差异,原因何在?

　5. 影响 R、L、C 串联电路的品质因数的参数有哪些?

七、实验报告

1. 根据测量数据,在同一坐标中绘出不同 Q 值时的两条电流谐振曲线 $I_0 = f(\omega)$。

2. 计算出通频带与 Q 值,说明不同的 R 值对电路通频带与品质因数的影响。

3. 对测 Q 值的两种不同的方法进行比较,分析误差原因。

4. 谐振时,比较输出电压 U_0 与输入电压 U_i 是否相等,试分析原因。

5. 通过本次实验,总结、归纳串联谐振电路的特性。

实验十五　互感电路

一、实验目的

1. 学会互感电路同名端、互感系数以及耦合系数的测定方法。

2. 通过两个具有互感耦合的线圈顺向串联和反向串联实验,加深理解互感对电路等效参数以及电压、电流的影响。

二、实验仪器及设备

序　号	仪器名称	规格(型号)	数　量	备　注
1	函数发生器		1	
2	交流电压表		1	
3	交流电流表		1	
4	双踪示波器		1	
5	电工实验平台		1	

三、实验原理

在互感电路的分析计算时,除了需要考虑线圈电阻、电感等参数的影响外,还应特别注意互感电势(或互感电压降)的大小及方向的正确判定。为了测定互感电势的大小可将两个具有互感耦合的线圈中的一个(例如线圈 2)开路而在另一个线圈(线圈 1)上加以一定电压,用电流表测出这一线圈中的电流 I_1,同时用电压表测出线圈 2 的端电压 U_2,如果所用的电压表内阻很大,可近似地认为 $I_2=0$(即线圈 2 可看作开路),这时电压表的读数就近似地等于线圈 2 中互感电势 E_{2M},即:

$$U_2 \approx E_{2M} = \omega M I_1$$

式中,ω 为电源的角频率,可算出互感系数 M 为:

$$M \approx \frac{U_2}{\omega I_1}$$

1. 判定互感电路的同名端

若要正确判断互感电势的方向,必须首先判定两个具有互感耦合的同名端(又叫对应端或极性),判定互感电路同名端的方法:

（1）直流法

用一直流电源经开关突然与互感线圈1接通（如图1-15-1所示），在线圈2的回路中接一直流毫安表，在开关K闭合的瞬间，线圈1回路中的电流I_1通过互感耦合将在线圈2中产生互感电势，并在线圈2回路中产生电流I_2，使所接毫安表发生偏转，根据楞次定律及图示所假定的电流正方向，当毫安表正向偏转时，线圈1与电源正极相接的端点1和线圈2与直流毫安表正极相接的端点2便为同名端；如毫安表反向偏转，则此时线圈2与直流表负极相接的端点$2'$和线圈1与电源正极相接的端点1为同名端（注意上述判定同名端的方法仅在开关K闭合瞬间才成立）。

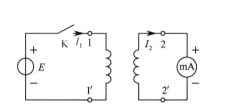 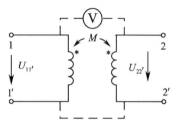

图 1-15-1　直流法判断互感电路同名端电路图　图 1-15-2　交流法判断互感电路同名端电路图

（2）交流法

互感电路同名端也可利用交流电压来测定，将线圈1的一个端点$1'$与线圈2的一个端点$2'$用导线连接（如图1-15-2中虚线所示）。在线圈1两端加交流电压，用电压表分别测出1及$1'$两端与1、2两端的电压，设分别为$U_{11'}$与U_{12}，如$U_{11'}>U_{12}$，则用导线连接的两个端点（$1'$与$2'$）应为异名端（也即$1'$与2以及1与$2'$为同名端），因为如果我们假定正方向为$U_{11'}$，当1与$2'$为同名端时，线圈2中互感电压的正方向应为$U_{2'2}$，所以$U_{12}=U_{11'}+U_{2'2}$（因$1'$与$2'$相连）必然大于电源电压$U_{11'}$。同理，如果1、2两端电压的读数U_{12}小于电源电压（即$U_{12}<U_{11'}$），此时$1'$与$2'$即为同名端。

2. 互感电路的互感系数 M

互感电路的互感系数M可以通过将两个具有互感耦合的线圈加以顺向串联和反向串联而测出。

当两线圈顺接时，如图1-15-3(a)所示，有

$$\dot{U}=(R_1+\mathrm{j}\omega L_1)\dot{I}+\mathrm{j}\omega M\dot{I}+(R_2+\mathrm{j}\omega L_2)\dot{I}+\mathrm{j}\omega M\dot{I}$$

$$=[(R_1+R_2)+\mathrm{j}\omega(L_1+L_2+2M)]\dot{I}$$

$$=(R+\mathrm{j}\omega L)\dot{I}$$

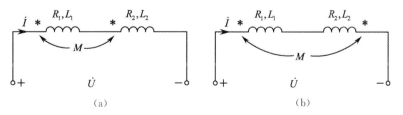

（a）　　　　　　　　　　　（b）

图 1-15-3　测量互感电路的互感系数 M 的电路图

由此可得出顺接时电路的等效电感 $L = L_1 + L_2 + 2M$。

当两个线圈反接时(如图 1-15-3(b) 所示),电压方程式为:

$$\dot{U} = (R_1 + j\omega L_1)\dot{I} - j\omega M\dot{I} + (R_2 + j\omega L_2)\dot{I} - j\omega M\dot{I}$$

$$= \left[(R_1 + R_2) + j\omega(L_1 + L_2 - 2M)\right]\dot{I}$$

$$= (R + j\omega L)\dot{I}$$

可得反接时的等效电感 $L = L_1 + L_2 - 2M$。

如果用直流电桥测出两线圈的电阻 R_1 和 R_2,再用电压表、电流表分别测出顺接时的电压、电流分别为 U、I,反接时的电压、电流分别为 U'、I',则

$$Z_顺 = \sqrt{R_顺^2 + (\omega L_顺)^2}, \quad Z_反 = \sqrt{R_反^2 + (\omega L_反)^2}$$

$$X_顺 = \sqrt{Z_顺^2 - (R_1 + R_2)^2} = \omega L_顺, \quad X_反 = \sqrt{Z_反^2 - (R_1 + R_2)^2} = \omega L_反$$

得

$$M = \frac{X_顺 - X_反}{4\omega} = \frac{L_顺 - L_反}{4\omega}$$

上述方法也可判定两个具有互感耦合线圈的极性,当两线圈用正、反两种方法串联后,加以同样电压,电流数值大的一种接法是反向串联,小的一种接法是顺向串联,由此可判定出极性(同名端)。

四、实验内容及步骤

实验模块(一)

1. 用直流电源和交流电源分别测试互感线圈的同名端,自定方法,但需注意直流电源只能当开关使用,合闸瞬间接通线圈,看清电表偏转方向后立即打开开关,线路中电流不超过 0.25 A,电表使用指针电流表。

2. 用交流伏安法测定线圈的 L_1、L_2 及 M,电源可用变频功率电源正弦波输出,频率可调至 200 Hz(直接用电网电压波形差,干扰大,电压不稳),电流不超过 0.25 A。

3. 用顺串法与反串法测量 M,电流不超过 0.25 A。

4. 把测量数据记入下面表格(表 1-15-1～表 1-15-3)。

表 1-15-1　线圈 2 开路实验测量结果

线圈 1 电阻 $R_1 = $ 　Ω　频率 $f = 200$ Hz

读数次数	U_1 (V)	I_1 (mA)	U_2 (V)	I_2 (mA)	Z_1 (Ω)	X_1 (Ω)	L_1 (H)	M (H)	$L_{1平均}$ (H)	$M_{平均}$ (H)
第一次										
第二次										
第三次										

表 1-15-2　线圈 1 开路实验测量结果

线圈 2 电阻 $R_2 =$ 　Ω　频率 $f = 200$ Hz

读数次数	U_1 (V)	I_1 (mA)	U_2 (V)	I_2 (mA)	Z_1 (Ω)	X_1 (Ω)	L_1 (H)	M (H)	$L_{1平均}$(H)	$M_{平均}$(H)
第一次										
第二次										
第三次										

表 1-15-3　线圈 1 和 2 顺向及反向串联实验测量结果

频率 $f = 200$ Hz

连接方法	测量次数	电表读数		计算结果				
		U(V)	I(mA)	等效电阻 (Ω)	等效阻抗 (Ω)	等效感抗 (Ω)	互感系数 (H)	$M_{平均}$ (H)
顺向连接	1							
	2							
	3							
反向连接	1							
	2							
	3							

实验模块(二)

1. 分别用直流法和交流法测定互感线圈的同名端。

(1) 直流法实验电路如图 1-15-4 所示。先将 N_1 和 N_2 两线圈的 4 个接线端子编以 1、2 和 3、4 号。将 N_1，N_2 同心式套在一起,并放入细铁棒。U 为可调直流稳压电源,调至 10 V。流过 N_1 侧的电流不可超过 0.4 A(选用 5 A 量程的数字电流表)。N_2 侧直接接入 2 mA 量程的毫安表。将铁棒迅速地拔出和插入,观察毫安表读数正、负的变化,来判定 N_1 和 N_2 两个线圈的同名端。

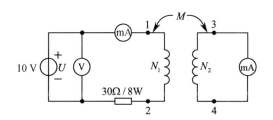

图 1-15-4　直流法测量互感线圈同名端

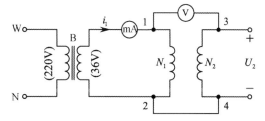

图 1-15-5　交流法测量互感线圈同名端

（2）交流法测量方法中,由于加在 N_1 上的电压仅为 2 V 左右,采用图 1-15-5 的线路来扩展调压器的调节范围。图中 W、N 为主屏上的自耦调压器的输出端,B 为升压铁芯变压器,此处作降压用。将 N_2 放入 N_1 中,并插入铁棒。电流表的量程为 2.5 A 以上,N_2 侧开路。

接通电源前,应首先检查自耦调压器是否调至零位,确认后方可接通交流电源,令自耦调压器输出一个很低的电压(约 12 V 左右),使流过电流表的电流小于 1.4 A,然后用 0 ～ 30 V 量程的交流电压表测量 U_{13},U_{12},U_{34},判定同名端。拆去 2、4 连线,并将 2、3 相接,重复上述步骤,判定同名端。

2. 拆除 2、3 连线,测 U_1,I_1,U_2,计算出 M。将数值填入表 1-15-4 中。

表 1-15-4　测量数据

U_1(V)	I_1(mA)	U_2(V)	M(H)

3. 将低压交流电加在 N_2 侧,使流过 N_2 侧的电流小于 1 A,N_1 侧开路,按步骤 2 测出 U_2,I_2,U_1,记入表 1-15-5 中。

表 1-15-5　N_1 侧开路时的测量数据(一)

U_1(V)	I_2(mA)	U_2(V)

4. 用万用表的 $R \times 1$,I_1,U_2 挡分别测出 N_1 和 N_2 线圈的电阻值 R_1 和 R_2,计算出 K 值,将结果记入表 1-15-6 中。

表 1-15-6　N_1 侧开路时的测量数据(二)

R_1(Ω)	R_2(Ω)	K

5. 观察互感现象,在图 1-15-4 的 N_2 侧接入 LED 发光二极管与 510 Ω 电阻串联的支路。

（1）将铁棒慢慢地从两线圈中抽出和插入,观察 LED 亮度的变化及各电表读数的变化,记录现象。

（2）将两线圈改为并排放置,改变其间距,并分别或同时插入铁棒,观察 LED 亮度的变化及仪表读数。

（3）改用铝棒替代铁棒,重复(1)、(2)的步骤,观察 LED 的亮度变化,记录现象。

五、实验注意事项

1. 整个实验过程中,注意流过线圈 L_1 的电流不得超过 1.5 A,流过线圈 L_2 的电流不得超过 1 A。

2. 测定同名端及其他测量数据的实验中,都应将小线圈 L_2 套在大线圈 L_1 中,并插入铁芯。

3. 如实验室备有 200 Ω/2 A 的滑线变阻器或大功率的负载,则可接在交流实验时的 L_1 侧,作为限流电阻用。

4. 做交流实验前,首先要检查自耦调压器,要保证手柄置在零位,因实验时所加的电压只有 2~3 V 左右。因此调节时要特别仔细、小心,要随时观察电流表的读数,不得超过规定值。

六、预习思考题

1. 复习互感电路的有关理论,认真预习实验内容。

2. 本实验用直流法判断同名端时是通过插、拔铁芯时观察电流表的正、负读数变化来确定的,这与实验原理中所叙述的方法是否一致?

3. 用相量图说明"交流判别法"判断同名端的原理。

七、实验报告要求

1. 总结对互感线圈同名端、互感系数和耦合系数的实验测试方法。

2. 完成测试数据表格及计算任务。

3. 解释实验中观察到的互感现象。

实验十六　变压器及其参数测量

一、实验目的

1. 掌握变压器各参数测试的方法，电压、电流、阻抗以及功率的变换关系。
2. 掌握交流电压表、电流表及功率表的正确使用及连接方法。
3. 了解理想变压器的基本条件。

二、实验仪器及设备

序　号	仪器名称	规格(型号)	数　量	备　注
1	函数发生器		1	
2	交流电压表		1	
3	交流电流表		1	
4	双踪示波器			
5	电工实验平台			

三、实验原理

1. 在电路理论中变压器与电阻、电感、电容一样是基本电路元件。但是从理论分析的观点来看这是一种被理想化、抽象化的变压器。R、L 和 C 元件各具有两个端子，而理想变压器却具有两对端子。图 1-16-1 所示为理想变压器的电器模型，其初级(原边)和次级(副边)的电压电流关系用下式表示：

$$u_1 = nu_2,\ i_2 = -ni_1$$

式中，n 称作变压器的变比或匝数比，这些方程中的正负号适用于图示参考方向；如果任何一个参考方向变了，其相应的正负号也将改变。

理想变压器有这样的性质：一个电阻 R_L 接在一对端子上，而在另一端子上则表现为 R_L 乘以变比 n 的平方。将图中 $u_2 = -R_L i_2$ 代入 $u_1 = nu_2$ 中得：

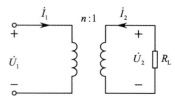

图 1-16-1　理想变压器的电器模型

$$u_1 = -nR_L i_2 = n^2 R_L i_1$$

因而在输入端上的等值电阻是 $n^2 R_L$。理想变压器输入的全部能量是 $u_1 i_1 + u_2 i_2 = 0$。

上式说明理想变压器是一种无源器件，它既不储存能量也不消耗能量，仅仅是传送能量，从电源吸收的功率全部传送给负载。

2. 理想变压器实际上是不存在的。实际的变压器通常都是由线圈和铁芯组成，在传递能量的过程中要消耗电能。因为线圈有直流电阻,铁芯中有涡流磁滞损耗,并且为了传送能量,铁芯中还必须储藏磁能,所以变压器还对电源吸收无功功率。线圈中的损耗称为铜耗,铁芯中的损耗称为铁耗。通常,这些损耗相对于变压器传递的功率来说一般都是较小的。因此,在许多情况下实际变压器可近似作为理想变压器。其电压比、电流比、阻抗比及功率关系可通过实验测量取得,图 1-16-2 为变压器参数测量线路。

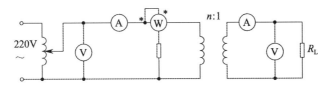

图 1-16-2　变压器参数测量线路

分别测出变压器原边的电压 u_1、电流 i_1、功率 P_1 及副边的电压 u_2、电流 i_2,即可计算出各项参数:

（1）电压比：$n_u = \dfrac{u_1}{u_2}$　　　　　　　（2）电流比：$n_i = \dfrac{i_2}{i_1}$

（3）阻抗比：$n_Z = \dfrac{Z_1}{Z_2}$　　　　　　　（4）原边阻抗：$Z_1 = \dfrac{\dot{U}_1}{\dot{I}_1}$

（5）副边阻抗：$Z_2 = \dfrac{\dot{U}_2}{\dot{I}_2}$　　　　　　　（6）负载功率：$P_2 = U_2 I_2$

（7）损耗功率：$P_0 = P_1 - P_2$　　　　　　（8）效率：$\eta = \dfrac{P_2}{P_1} \times 100\%$

（9）功率因数：$\cos\varphi = \dfrac{P_1}{U_1 I_1}$　　　　（10）原边线圈铜耗：$P_{01} = I_{21}\gamma_1$

（11）副边线圈铜耗：$P_{02} = I_{22}\gamma_2$　　　（12）铁耗：$P_{03} = P_0 - (P_{01} + P_{02})$

（γ_1、γ_2 为变压器原边、副边线圈直流电阻）。

由于铁芯变压器是一个非线性元件,铁芯中的磁感应强度决定于外加电压的数值。同时因为建立铁芯磁场必须提供磁化电流,外加电压越高,铁芯磁感应强度越大,需要的磁化电流也越大。所以,外加电压和磁化电流的关系反映了磁化曲线的性质。在变压器中次级开路时,输入电压与磁化电流的关系称为变压器的空载特性,曲线的拐弯处过高,会大大增加磁化电流,增加损耗,过低会造成材料未充分利用。

变压器的各项参数也会随输入电压作非线性的变化,一般情况下电压低于 U_H 时偏离线性程度较小,电压大于 U_H 时将严重畸变（U_H 为额定电压值）。

四、实验内容及步骤

1. 测定变压器的空载特性

变压器原边选定额定电压 $U_H = 220\,\text{V}$,副边开路,调压器输出电压 U_1 经电流表接至变压器 0 V 及 220 V 端子,U_1 从 0 V 逐渐增加,对应每一电压值的同时读取电流值,数据列表并做出空载特性曲线。

2. 测定变压器的负载特性曲线

变压器原边选定额定电压 $U_H = 220\,\text{V}$，副边额定电压选 36 V。

按图 1-16-2 接线，将调压器的电压调节至 220 V，副边负载 $R_L = 72\,\Omega$（用电阻箱电阻），读取 P_1、U_1、I_1 及 U_2、I_2 数据，并填入表 1-16-1 中。

表 1-16-1　变压器空载特性测量结果

U_1(V)	0	10	20	30	50	80	120	160	200	220
I_1(mA)										

变压器负载特性测量数据

U_1(V)	I_1(mA)	U_2(V)	I_2(mA)	P_1(W)

计算数据

$P_2 = U_2 I_2$	$Z_2 = R_L = U_2/I_2$	$P_0 = P_1 - P_2$	$P_{01} = r_1 I_1^2$	$P_{02} = r_2 I_2^2$	$P_{03} = P_0 - P_{01} - P_{02}$
$n_U = U_1/U_2$	$n_i = I_2/I_1$	$Z_1 = U_1/I_1$	$n_Z = Z_1/Z_2$	$\eta = P_1/P_2$	$\cos\varphi = P_1/U_1 I_1$

五、实验注意事项

1. 空载实验和负载实验是将变压器作为升压变压器使用，而短路实验是将变压器作为降压变压器使用，故使用调压器时应首先调至零位，然后才可合上电源。

2. 调压器输出电压必须用电压表监视，防止被测变压器输出过高电压而损坏实验设备，且要注意安全，以防高压触电。

3. 由空载实验转到负载实验或到短路实验时，要注意及时变更仪表量程。

4. 遇异常情况，应立即断开电源，待处理好故障后，再继续实验。

六、预习思考题

1. 为什么做开路和负载实验将低压绕组作为原边进行通电实验？实验过程中应注意什么问题？

2. 为什么变压器的励磁参数一定是在空载实验加额定电压的情况下求出？

3. 为什么短路实验要将低压侧短路？实验过程中应注意什么问题？

七、实验报告要求

1. 根据所测数据，绘出变压器的外特性和空载特性曲线。

2. 根据额定负载时测得的数据，计算变压器的各项参数。

3. 回答预习思考题。

4. 总结本次实验的心得体会。

实验十七 *RC* 选频网络特性测试

一、实验目的

1. 熟悉常用文桥 *RC* 选频网络的结构特点和应用。
2. 研究文桥电路的传输函数、幅频特性与相频特性。
3. 学习网络频率特性的测试方法。

二、实验仪器及设备

序　号	仪器名称	规格(型号)	数　量	备　注
1	函数发生器		1	
2	交流电压表		1	
3	交流电流表		1	
4	双踪示波器		1	
5	电工实验平台		1	

三、实验原理

如图 1-17-1 所示,电桥采用了两个电抗元件 C_1 和 C_2,因此,当输入电压 U_1 的频率改变时,输出电压 U_2 的幅度和相对于 U_1 的相位也随之而变,U_2 与 U_1 比值的模与相位随频率变化的规律称为文桥电路的幅频特性与相频特性。本实验只研究幅频特性的实验测试方法。首先求出文桥电路的传输函数 $\dfrac{\dot{U}_2}{\dot{U}_1} = f(\omega)$,$\omega$ 为输入信号角频率。设 $R_1 = R_2 = R$,$C_1 = C_2 = C$。

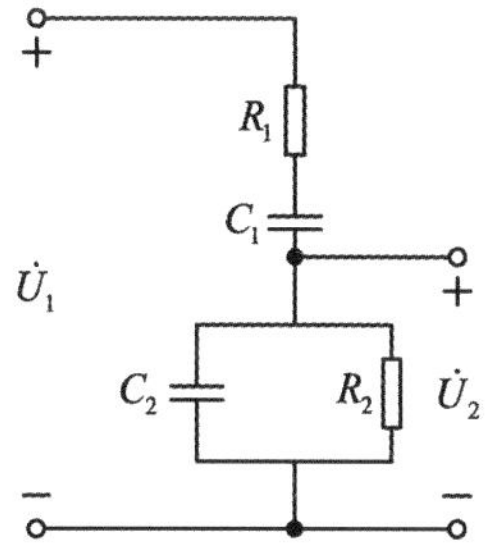

图 1-17-1　文氏电桥电路结构图

$$Z_1 = R + \frac{1}{\mathrm{j}\omega C},\ Z_2 = \frac{R}{1 + \mathrm{j}\omega CR}$$

根据分压比写出 $\dot{U}_2$ 与 $\dot{U}_1$ 之比:

$$\frac{\dot{U}_2}{\dot{U}_1} = \frac{Z_2}{Z_1 + Z_2} = \frac{\dfrac{R}{1 + \mathrm{j}\omega CR}}{R + \dfrac{1}{\mathrm{j}\omega C} + \dfrac{R}{1 + \mathrm{j}\omega CR}}$$

令 $\omega_0 = \dfrac{1}{RC}$，代入 $\dfrac{\dot{U}_2}{\dot{U}_1} = \dfrac{1}{3+\mathrm{j}\left(\dfrac{\omega}{\omega_0}-\dfrac{\omega_0}{\omega}\right)}$

当 $\omega = \omega_0$ （即 $f_0 = \dfrac{1}{2\pi RC}$）时

$$\frac{\dot{U}_2}{\dot{U}_1} = \frac{1}{3}$$

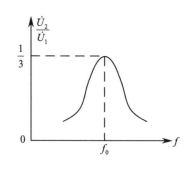

图 1-17-2　传输曲线

传输曲线如图 1-17-2，由图可见，文桥网络有选频功能，广泛用于各种电子电路中。

四、实验内容及步骤

1. 选定 $C_1 = C_2 = C = 2\,\mu\mathrm{F}$，$R_1 = R_2 = R = 500\,\Omega$。

2. 计算 $f_0 = \dfrac{1}{2\pi RC}$。

3. 输入端加入 5 V 变频电源电压，在不同频率时用交流电压表分别测量 $\dot{U}_1$ 与 $\dot{U}_2$ 的值，将数据记录在表 1-17-1 中，并做出幅频特性曲线。

表 1-17-1　RC 选频实验测量数据表

	$C_1 = C_2 = C =$			$\mu\mathrm{F}$		$R_1 = R_2 = R =$			Ω	
f/f_0	0.1	0.2	0.4	0.6	0.8	1.0	1.2	1.4	1.6	1.8	2.0
f											
U_1											
U_2											
U_2/U_1											

五、实验注意事项

1. 由于信号源内阻的影响，在调节输出频率时，会使电路外阻抗发生改变，从而引起信号源输出电压电流发生变化，所以每次调频后，应重新调节输出幅度，使实验电路的输入电压保持不变。

2. 为消除电路内外干扰，要求毫伏表与信号源"共地"。

六、预习思考题

1. 根据电路参数，估算电路两组参数时的固有频率 f_0。

2. 推导 RC 串并联电路的幅频、相频特性的数学表达式。

七、实验报告

1. 依据测试数据,绘制幅频特性和相频特性曲线。
2. 取 $f = f_0$ 时的数据,验证是否满足 $U_0 = 1/3U_i$, $\varphi = 0$。
3. 总结分析本次实验结果。

实验十八　三相对称与不对称交流电路电压、电流的测量

一、实验目的

1. 学会三相负载星形和三角形的连接方法,掌握这两种接法的线电压和相电压,线电流和相电流的测量方法。
2. 观察分析三相四线制中,当负载不对称时中线的作用。
3. 学会相序的测试方法。

二、实验仪器及设备

序　号	仪器名称	规格(型号)	数　量	备　注
1	白炽灯		1	
2	交流电压表		1	
3	交流电流表		1	
4	功率表		1	
5	电工实验平台		1	

三、实验原理

将三相灯泡负载(图1-18-1)各相的一端 X、Y、Z 连接在一起接成中点,A、B、C 分别接于三相电源即为星形连接,这时相电流等于线电流,如电源为对称三相电压,则因线电压是对应的相电压的矢量差,在负载对称时它们的有效值相差 $\sqrt{3}$ 倍,即

$$U_1 = \sqrt{3}U_p$$

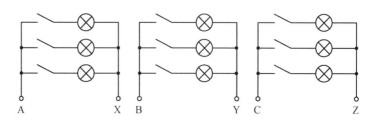

图 1-18-1　三相灯泡负载

这时各相电流也对称,电源中点与负载中点之间的电压为零,如用中线将两中点之间连

接起来,中线电流也等于零,如果负载不对称,则中线就有电流流过,这时如将中线断开,三相负载的各相电压不再对称,各相灯泡出现亮、暗不同的现象,这就是中点位移引起各相电压不等的结果。

如果将图 1-18-1 的三相负载的 X 与 B、Y 与 C、Z 与 A 分别相连,再在这些连接点上引出三根导线至三相电源,即为三角形连接法。这时线电压等于相电压,但线电流为对应的两相电流的矢量差,负载对称时,它们也有 $\sqrt{3}$ 倍的关系,即 $I_1 = \sqrt{3} I_p$。

若负载不对称,虽然不再有 $\sqrt{3}$ 倍的关系,但线电流仍为相应的相电流矢量差,这时只有通过矢量图,方能计算它们的大小和相位。

在三相电源供电系统中,电源线相序确定是极为重要的事情,因为只有同相序的系统才能并联工作,三相电动机的转子的旋转方向也完全取决于电源线的相序,许多电力系统的测量仪表及继电保护装置也与相序密切有关。

确定三相电源相序的仪器称相序指示器,它实际上是一个星形连接的不对称电路,一相中接有电容 C,另二相分别接入相等的电阻 R(或两个相同的灯泡)如图 1-18-2 所示。

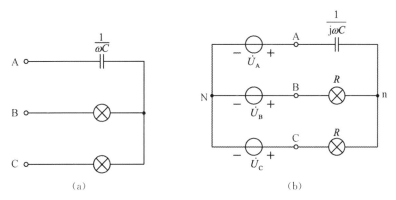

图 1-18-2 星形不对称电路

如果把图 1-18-2(a)的电路接到对称三相电源上,等效电路如图 1-18-2(b)所示,则如果认定接电容的一相为 A 相,那么,其余二相中相电压较高的一相必定是 B 相,相电压较低的一相是 C 相,B、C 两种电压的相差程度决定于电容的数值,电容可取任意值,在极限情况下 B、C 两相电压相等,即如果 $C = 0$,A 相断开,此时 B、C 两相电阻串接在线电压上,如两电阻相等,则两相电压相同,如 $C = \infty$,A 相短路,此时,B、C 两相都接在线电压上,如电源对称,则两相电压也相同。当电容为其他值时,B 相电压高于 C 相,一般为便于观测,B、C 两相用相同的灯泡代替 R,如选择 $1/\omega C = R$,这时有简单的计算形式:

设三相电源电压为 $\dot{U}_A = U \angle 0° \text{ V}$,$\dot{U}_B = U \angle -120° \text{ V}$,$\dot{U}_C = U \angle 120° \text{ V}$,电源中点为 N,负载中点 N′,两中点电压为:

$$\dot{U}_{NN'} = \frac{\mathrm{j}\omega C \dot{U}_A + \dot{U}_B/R + \dot{U}_C/R}{\mathrm{j}\omega C + 1/R + 1/R}$$

$$= \frac{\mathrm{j}U \angle 0° + U \angle -120° + U \angle 120°}{\mathrm{j} + 2} = (-0.2 + \mathrm{j}0.6)U$$

B相负载的相电压：

$$\dot{U}_{BN'} = \dot{U}_{BN'} - \dot{U}_{NN'} = U\angle -120° - (-0.2+j0.6)U$$
$$= (-0.3-j1.47)U = 1.5U\angle -105.5°$$

C相负载的相电压：

$$\dot{U}_{CN'} = \dot{U}_{CN'} - \dot{U}_{NN'} = U\angle 120° - (-0.2+j0.6)U$$
$$= (-0.3-j0.266)U = 0.4U\angle -138.4°$$

由计算可知，B相电压较C相电压高3.8倍，所以B相灯泡较C相亮，亦即灯亮的一相，电源相序就可确定了。

四、实验内容及步骤

1. 将三相阻容负载按星形接法连接，接至三相对称电源。

2. 测量有中线时负载对称和不对称的情况下，各线电压、相电压、线电流、相电流和中线电流的数值，把数据记入表1-18-1。

表1-18-1　星形连接实验测量结果

测量值		线电压(V)			相电压(V)			相(线)电流(A)			中线电流(A)	中点间电压(V)
		U_{AB}	U_{BC}	U_{CA}	U_A	U_B	U_C	I_A	I_B	I_C		
对称负载	有中线											
	无中线											
不对称负载	有中线											
	无中线											

3. 拆除中线后，测量负载对称和不对称，各线电压、相电压、线电流、相电流的数值。观察各相灯泡的亮暗，测量负载中点与电源中点之间的电压，分析中线的作用。

4. 将三相灯泡接成三角形连接，测量在负载对称及不对称时的各线电压、相电压、线电流、相电流，将读数记入表1-18-2中，并分析它们互相间的关系。

5. 用两相灯泡负载与一相电容器组成一只相序指示器，接上三相对称电源检查相序，并测量指示器各相电压、线电压、线电流及指示器中点与电源中点间的电压，将数据记入表1-18-3中。

表 1-18-2　三角形连接(负载对称)实验测量结果

测量值	线电压(V)			相电压(V)			线电流(A)			线电流/相电流		
	U_{AB}	U_{BC}	U_{CA}	U_A	U_B	U_C	I_A	I_B	I_C	$\dfrac{I_A}{I_{AB}}$	$\dfrac{I_B}{I_{BC}}$	$\dfrac{I_C}{I_{CA}}$
对称负载												
不对称负载												

表 1-18-3　相序指示器测量结果

U_{AB}(V)	U_{BC}(V)	U_{CA}(V)	U'_{AN}(V)	U'_{BN}(V)	U'_{CN}(V)	I_A(A)	I_B(A)	I_C(A)	$U_{NN'}$(V)	$R_B(\Omega)$	$R_C(\Omega)$

五、实验注意事项

1. 注意三相电路的星形和三角形负载的连接方式。

2. 在负载星形连接时,中线断开和路线不断开的情况下,注意负载对称和负载不对称时,各相电压和相电流的测量值。

3. 在负载三角形连接时,负载对称和负载不对称的情况下,注意各电压和电流的测量。

六、预习思考题

1. 负载星形连接和三角形连接时,线电压、相电压、线电流和相电流之间具备什么样的关系?

2. 在三相四线制负载不对称电路中,若中线开路,各相电路将会发生怎样的变化?

3. 在三相四线制负载不对称电路中,若中线开路且 A 相也开路时,各相电路将会发生怎样的变化?

七、实验报告要求

1. 对三相对称负载和不对称负载电路的测量结果进行分析比较,并做出结论。

2. 负载星形连接和三角形连接时,对其线电压、相电压、线电流和相电流的测量值进行分析和比较,得出结论。

3. 回答思考题。

实验十九　三相电路电功率的测量

一、实验目的

1. 熟悉功率表的正确使用方法。
2. 掌握三相电路中有功功率的各种测量方法。

二、实验仪器及设备

序　号	仪器名称	规格(型号)	数　量	备　注
1	白炽灯		1	
2	交流电压表		1	
3	交流电流表		1	
4	功率表		1	
5	电工实验平台		1	

三、实验原理

1. 工业生产中经常碰到要测量对称三相电路与不对称三相电路的有功功率的测量问题。测量的方法很多,原则上讲,只要测出每相功率(即每相接一只功率表)相加就是三相总功率。但这种方法只在有对称三相四线制系统时才是方便的,如负载为三角形连接或虽为星形连接但无中线引出来,在这种情况下要测每相功率是比较困难的,因而除了在四线制不对称负载情况下不得不用三只功率表测量的方法外,常用下列其他方法进行测量。

2. 二瓦表法

在三线制不对称负载情况下常采用二瓦法测量三相总功率,接线方式有三种,如图 1-19-1所示。以接法 1 为例证明二瓦表读数之和等于三相总功率:

$$P_1 = \mathrm{Re}[\dot{U}_{AB} \dot{I}_A^*], \quad P_2 = \mathrm{Re}[\dot{U}_{CB} \dot{I}_C^*]$$

$$\begin{aligned}
P_1 + P_2 &= \mathrm{Re}[\dot{U}_{AB} \dot{I}_A^* + \dot{U}_{CB} \dot{I}_C^*] \\
&= \mathrm{Re}[(\dot{U}_A - \dot{U}_B) \dot{I}_A^* + (\dot{U}_C - \dot{U}_B) \dot{I}_C^*] \\
&= \mathrm{Re}[\dot{U}_A \dot{I}_A^* + \dot{U}_C \dot{I}_C^* - \dot{U}_B(\dot{I}_A^* + \dot{I}_C^*)] \\
&= \mathrm{Re}(\dot{U}_A \dot{I}_A^* + \dot{U}_C \dot{I}_C^* + \dot{U}_B \dot{I}_B^*) \\
&= \mathrm{Re}[\overline{S}_A + \overline{S}_B + \overline{S}_C] \\
&= \mathrm{Re}[\overline{S}]
\end{aligned}$$

由于在三线制中 $\dot{I}_{A} + \dot{I}_{B} + \dot{I}_{C} = 0$

所以 $\dot{I}_{B} = -(\dot{I}_{A} + \dot{I}_{C}) \Rightarrow \dot{I}_{B}^{*} = (\dot{I}_{A}^{*} + \dot{I}_{C}^{*})$

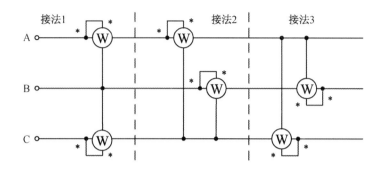

图 1-19-1　三种接线方法

功率表读数为功率的平均值：

$$P = P_1 + P_2 = \frac{1}{T} \int_0^T (u_A i_A + u_B i_B + u_C i_C) \mathrm{d}t = P_A + P_B + P_C$$

如果电路对称，可做出如图 1-19-2 所示的矢量图。

由图可得：

$$P_1 = U_{AB} I_A \cos(\varphi_A + 30°),$$
$$P_2 = U_{CB} I_C \cos(\varphi_C - 30°)$$

因为电路对称，所以 $U_{AB} = U_{BC} = U_{CA} = U_1$，$U_1$ 为线电压，$I_A = I_B = I_C = I_1$，I_1 为线电流。$P_1 = U_1 I_1 \cos(\varphi + 30°)$，$P_2 = U_1 I_1 \cos(\varphi - 30°)$，利用三角等式变换可得：$P_1 + P_2 = \sqrt{3} U_1 I_1 \cos\varphi$。

下面讨论几种特殊情况：

① $\varphi = 0$，可得 $P_1 = P_2$，读数相等；

② $\varphi = \pm 60°$，当 $\varphi = +60°$ 时，可得 $P_1 = 0$，当 $\varphi = -60°$ 时，可得 $P_2 = 0$；

③ $|\varphi| > 60°$，当 $\varphi > 60°$ 时，可得 $P_1 < 0$，当 $\varphi < -60°$ 时，可得 $P_2 < 0$。

在最后一种情况下，有一功率表指针反偏，这时应该将功率表电流线圈两个端子对调，同时读数应算负值。

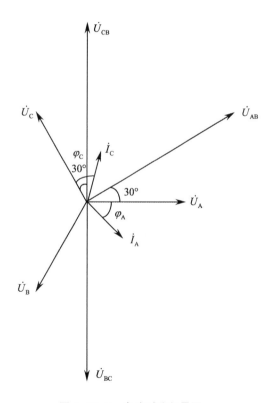

图 1-19-2　电路对称矢量图

3. 三相无功功率的测量

（1）二瓦表法：这种方法与二瓦表测三相有功功率接线相同,但测无功功率时只能用于负载对称的情况下：

$$P_2 - P_1 = U_1 I_1 \left[\cos(\varphi - 30°) - \cos(\varphi + 30°)\right] = U_1 I_1 \sin \varphi,$$ 所以三相无功功率为：

$$Q = \sqrt{3} U_1 I_1 \sin \varphi = \sqrt{3}(P_2 - P_1)$$

（2）一瓦表法：适用三线制对称负载,接线如图 1-19-3 所示。

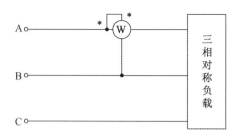

图 1-19-3　一瓦表法接线图

四、实验内容及步骤

1. 用一瓦表法测量三相四线制不对称负载的三相有功功率。

2. 用二瓦表法测量三相三线制不对称负载的三相有功功率。

3. 所测数据列表（表 1-19-1、表 1-19-2）：

三相对称负载用灯泡组成,不对称负载可在各相接入不同数量的灯泡。

表 1-19-1　一瓦表法测三相四线制不对称负载功率

读数	A 相负载灯泡功率×数量	B 相负载灯泡功率×数量	C 相负载灯泡功率×数量	P_A	P_B	P_C	$P = P_A + P_B + P_C$
三相四线制不对称负载							

表 1-19-2　二瓦表法测三相三线制不对称负载有功功率
（如实验中只有一只瓦特表则可分两次测量）

读数	A 相负载灯泡功率×数量	B 相负载灯泡功率×数量	C 相负载灯泡功率×数量	P_1	P_2	$P = P_1 + P_2$
三相三线制不对称负载						

五、实验注意事项

1. 每次实验完毕,均需将三相调压器旋柄调回零位。

2. 每次改变接线,均需断开三相电源,以确保人身安全。

六、预习思考题

1. 复习二瓦表法测量三相电路有功功率的原理,画出另外两种连接方法的电路图。

2. 复习一瓦表法测量三相对称负载无功功率的原理，画出另外两种连接方法的电路图。

七、实验报告

1. 完成数据表格中的各项测量和计算任务，比较一瓦表法和二瓦表法的测量结果。
2. 总结、分析三相电路有功功率和无功功率的测量原理及电路特点。

实验二十　线性无源二端口网络的研究

一、实验目的

1. 学习测试二端口网络参数的方法。
2. 通过实验来研究二端口网络的特性及其等值电路。

二、实验仪器及设备

序　号	仪器名称	规格(型号)	数　量	备　注
1	直流稳压电源		1	
2	直流电压表		1	
3	直流电流表		1	
4	大功率可变电阻箱		1	
5	电工实验平台		1	

三、实验原理

1. 二端口网络是电工技术中广泛使用的一种电路形式。网络本身的结构可能是简单的,也可能是极复杂的,但就二端口网络的外部性能来说,一个很重要的问题是要找出它的两个端口(通常称为输入端和输出端)处的电压和电流之间的相互关系,这种相互关系可以由网络本身结构所决定的一些参数来表示。不管网络如何复杂,总可以通过实验的方法来得到这些参数,从而可以很方便地来比较不同的二端口网络在传递电能和信号方面的性能,以便评价它们的质量。

2. 由图 1-20-1 分析可知,二端口网络的基本方程是:

$$U_1 = A_{11}U_2 - A_{12}I_2$$
$$I_1 = A_{21}U_2 - A_{22}I_2$$

图 1-20-1　二端口网络

式中,A_{11}、A_{12}、A_{21}、A_{22} 称为二端口网络的传输参数。其数值的大小取决于网络本身的元件及结构。这些参数可以表征网络的全部特性。它们的物理概念可分别用以下的式子来说明:

输出端开路:

$$A_{11} = \frac{U_{1O}}{U_{2O}}\bigg|_{I_2=0} \qquad A_{21} = \frac{I_{1O}}{U_{2O}}\bigg|_{I_2=0}$$

输出端短路：

$$A_{12} = \frac{U_{1S}}{-I_{2S}}\bigg|_{U_2=0} \qquad A_{22} = \frac{I_{1S}}{-I_{2S}}\bigg|_{U_2=0}$$

可见 A_{11} 是两个电压的比值，是一个无量纲的量，A_{12} 是短路转移阻抗，A_{21} 是开路转移导纳，A_{22} 是两个电流的比值，也是无量纲的。A_{11}、A_{12}、A_{21}、A_{22} 四个参数中也只有三个是独立的，因为它们之间具有如下关系：

$$A_{11} \cdot A_{22} - A_{12} \cdot A_{21} = 1$$

如果是对称的二端口网络，则有：$A_{11} = A_{22}$。

3. 由上述二端口网络的基本方程组可以看出，如果在输入端 1-1′ 间接以电源，而输出端 2-2′ 处于开路和短路两种状态时，分别测出 U_{1O}、U_{2O}、I_{1O}、U_{1S}、I_{1S} 及 I_{2S}，就可得出上述四个参数。但这种方法实验测试时需要在网络两端，即输入端和输出端同时进行测量电压和电流，这在某些实际情况下是不方便的。

在一般情况下，我们常用在二端口网络的输入端及输出端分别进行测量的方法来测定这四个常数，把二端口网络的 1-1′ 端接上电源，在 2-2′ 端开路与短路的情况下，分别得到开路阻抗和短路阻抗。

$$R_{O1} = \frac{U_{1O}}{I_{1O}}\bigg|_{I_{2O}=0} = \frac{A_{11}}{A_{21}}, \ R_{S1} = \frac{U_{1S}}{I_{1S}}\bigg|_{U_{2S}=0} = \frac{A_{12}}{A_{22}}$$

再将电源接至 2-2′ 端，在 1-1′ 端开路和短路的情况下，又可得到：

$$R_{O2} = \frac{U_{2O}}{I_{2O}}\bigg|_{I_{1O}=0} = \frac{A_{22}}{A_{21}}, \ R_{S2} = \frac{U_{2S}}{I_{2S}}\bigg|_{U_{1S}=0} = \frac{A_{12}}{A_{11}}$$

由以上四式可得：

$$\frac{R_{O1}}{R_{O2}} = \frac{R_{S1}}{R_{S2}} = \frac{A_{11}}{A_{22}}$$

因此 R_{O1}、R_{O2}、R_{S1}、R_{S2} 中只有三个独立变量，如果是对称二端口网络就只有二个独立变量，此时

$$R_{O1} = R_{O2}, \ R_{S1} = R_{S2}$$

如果由实验已经求得开路和短路阻抗，则可以很方便地算出二端口网络的 A 参数。

4. 由上所述，无源二端口网络的外特性既然可以用三个参数来确定，那么只要找到一个由具有三个不同阻抗（或导纳）所组成的一个简单二端口网络即可。如果后者的参数与前者分别相同，则可认为这两个二端口网络的外特性是完全相同的。由三个独立阻抗（或导纳）所组成的二端口网络只有两种形式，即 T 形电路和 Ⅱ 形电路（图 1-20-2、图 1-20-3）。

如果给定了二端口网络的 A 参数，则无源二端口网络的 T 形等值电路及 Ⅱ 形等值电路的三个参数可由下式求得：

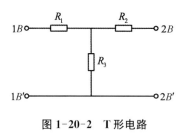

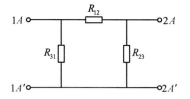

图 1-20-2　T 形电路　　　　　　　图 1-20-3　Π 形电路

$$R_1 = \frac{A_{11} - 1}{A_{21}} \qquad\qquad R_{31} = \frac{A_{12}}{A_{22} - 1}$$

$$R_2 = \frac{A_{22} - 1}{A_{21}} \qquad\qquad R_{12} = R_{21}$$

$$R_3 = \frac{1}{A_{21}} \qquad\qquad R_{23} = \frac{A_{12}}{A_{11} - 1}$$

实验台提供的两个二端口网络是等价的,其参数如下:

$R_1 = 200\ \Omega$, $R_2 = 100\ \Omega$, $R_3 = 300\ \Omega$, $R_{31} = 1.1\ \text{k}\Omega$, $R_{12} = 367\ \Omega$, $R_{23} = 550\ \Omega$, 精度全为 1.0 级,功率每只为 4 W。

四、实验内容及步骤

1. 按图 1-20-4 接好线路,固定 $U_1 = 5\ \text{V}$,测量并记录 2-2′端开路时及 2-2′端短路时的各参数,并将数据记入表 1-20-1 中。

表 1-20-1　实验测量结果(一)

2-2′开路	U_{1O}	U_{2O}	I_{1O}	I_{2O}	A_{11}	A_{21}	R_{O1}
				0 A			
2-2′短路	U_{1S}	U_{2S}	I_{1S}	I_{2S}	A_{12}	A_{22}	R_{S1}
		0 V					

2. 由第一步测得的结果,计算出 A_{11}、A_{12}、A_{21}、A_{22},并验证 $A_{11} \cdot A_{22} - A_{12} \cdot A_{21} = 1$,然后计算等值 T 形电路的各电阻值。

3. 图 1-20-4 中换成 A 网络。在 1-1′端加电压 $U_1 = 5\ \text{V}$,测量该等值电路的外特性,数据记入表 1-20-2。并与步骤 1 相比较。

图 1-20-4　二端口网络实验电路图

表 1-20-2　实验测量结果(二)

2-2′开路	U_{1O}	U_{2O}	I_{1O}	I_{2O}	A_{11}	A_{21}	R_{O1}
				0 A			
2-2′短路	U_{1S}	U_{2S}	I_{1S}	I_{2S}	A_{12}	A_{22}	R_{S1}
		0 V					

4. 将电源移至 2-$2'$ 端,固定 $U_2 = 5\,\text{V}$。测量并记录 1-$1'$ 端开路时及 1-$1'$ 端短路时各参数的值,计算出 R_{O1}、R_{O2} 及 R_{S1}、R_{S2} 的值,将数据记入表 1-20-3 中。验证 $\dfrac{R_{O1}}{R_{O2}} = \dfrac{R_{S1}}{R_{S2}}$,并由此算出 A_{11}、A_{12}、A_{21}、A_{22} 的值,将数据记入表 1-20-4 中,并与步骤 2 所得结果相比较。

表 1-20-3　实验测量结果(三)

1-1′开路	U_{1O}	U_{2O}	I_{1O}	I_{2O}	R_{O2}
				0 A	
1-1′短路	U_{1S}	U_{2S}	I_{1S}	I_{2S}	R_{S2}
	0 V				

表 1-20-4　实验测量结果(四)

R_{O1}	R_{O2}	R_{S1}	R_{S2}	R_{O1}/R_{O2}	R_{S1}/R_{S2}	A_{11}	A_{12}	A_{21}	A_{22}

五、实验注意事项

1. 用电流插头插座测量电流时,要注意判别电流表的极性及选取合适的量程(根据所给的电路参数,估算电流表量程)。

2. 两个二端口网络级联时,应将一个二端口网络 I 的输出端与另一个二端口网络 II 的输入端连接。

3. 电流插头与插孔的接触要好,否则会影响测试结果。

六、预习思考题

1. 试述二端口网络同时测量法、混合测量法及分别测量法的测量步骤、优缺点及其适用情况。

2. 本实验方法可否用于交流二端口网络的测定?

3. 互易二端口网络的互易条件是什么? 对称互易二端口网络的对称条件是什么?

七、实验报告要求

1. 完成对数据表格的测量和计算任务,注意有效位数的取舍给计算带来的误差。

2. 根据所求参数,分别列写三个网络的 T 参数方程和 H 参数方程。

3. 验证级联后等效二端口网络的传输参数与级联的两个二端口网络传输参数之间的关系。

4. 由测得的参数判别本实验网络是否是互易网络和对称网络。

5. 总结、归纳二端口网络的测试技术。

第二部分　模拟电子技术实验

实验一　晶体管单管放大电路

一、实验目的

1. 熟悉电子元器件和各种电子仪器的使用方法。
2. 掌握放大电路静态工作点的调试方法及其对放大电路性能的影响。
3. 学习放大电路电压放大倍数及最大不失真输出电压的测量方法。
4. 测量放大电路输入、输出电阻。

二、实验设备及所用组件箱

名　　称	数　量	备　　注
模拟(模数综合)电子技术实验箱	1	
数字式万用表	1	
函数发生器及数字频率计	1	
电子管毫伏表	1	
双踪电子示波器	1	

三、实验预习

1. 复习所学的理论知识,对实验电路进行理论分析,了解每个元件的作用。掌握色标电阻的识读及有关知识。

2. 若要求电路的静态工作电流为 $I_C = 1.4$ mA 时,请估算电路的基极偏置电阻的阻值,并估算相应的管压降 U_{CE}。

3. 设三极管的 $\beta = 100$,$I_C = 1.4$ mA 时,画出微变等效电路,并估算出放大器的电压放大倍数 A_u、输入电阻 R_i 和输出电阻 R_o 的数值。

4. 预习实验内容,了解放大电路的静态工作点及动态性能指标的测试方法。

5. 用图解分析法求直流负载线、交流负载线和静态工作点。

6. 复习示波器、函数信号发生器、交流毫伏表等仪器的使用方法。

四、实验原理

实验模块(一)

1. 静态工作点的测量

(1) 静态工作点的测量方法

放大电路静态工作点的测量,是指放大电路输入端不加输入信号 U_i 时,在电源电压 V_{CC} 作用下,测量三极管的基极电流 I_B,集电极电流 I_C 以及集电极与发射极之间的电压 U_{CE} 的值。即将信号源输出旋钮旋至零,使放大电路输入信号 $U_i = 0$ (通常需将放大电路输入端与地短接),测出 I_C,或测出 R_E 两端电压,间接计算出 I_C 来($I_B = I_C / \beta$)。 U_{BE} 和 U_{CE} 用数字式直流电压表进行测量,在测试中应注意:

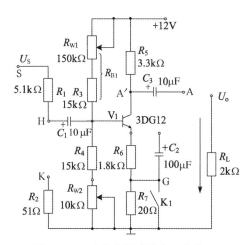

图 2-1-1　电阻分压式静态工作点
稳定放大电路

① 测量电压 U_{BE}、U_{CE} 时,为防止引入干扰,应采用先测量 B、C、E 对地的电位后再进行计算,即:

$$U_{BE} = U_B - U_E \quad U_{CE} = U_C - U_E$$

② 测量 I_B、I_C 和 I_E,为了方便起见,一般先直接测量出 U_E,再由计算得到 I_C 和 I_B:

$$I_C = I_E = \frac{U_E}{R_E} \quad I_B = \frac{I_C}{\beta}$$

总之,为了测量静态工作点,只需用直流电压表测出 U_C、U_B、U_E 的值,即可推算出 I_B、I_C、U_{CE} 的值。

(2) 静态工作点的调试

放大电路的基本任务是在不失真的前提下,对输入信号进行放大,故设置放大电路静态工作点的原则是:保证输出波形不失真并使放大电路具有较高的电压放大倍数。

改变电路参数 V_{CC}、R_C、R_B 都将引起静态工作点的变化,通常以调节上偏置电阻的方式取得一个合适的静态工作点,如图 2-1-1 所示,调节 R_{W1} 使 R_{B1} 减小,将引起 I_C 增加,使工作点偏高,放大电路容易产生饱和失真,如图 2-1-2(a)所示,U_o 负半周被削底;当 R_{B1} 增加时,则 I_C 减小,使工作点偏低,放大电路容易产生截止失真,如图 2-1-2(b)所示,U_o 正半周被缩顶。适当调节 R_{B1} 可得到合适的静态工作点。

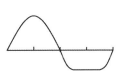
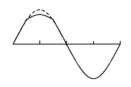
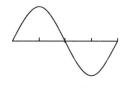

(a) 饱和失真(底部失真)　　　(b) 截止失真(顶部失真)　　　(c) 不失真

图 2-1-2　静态工作点调试

2. 电压放大倍数的测量

测量电压放大倍数的前提是放大电路输出波形不应失真,在测量时应同时观察输出电压波形。在U_o不失真条件下分别测量输出电压U_o和输入电压U_i的值,则:$A_u = \dfrac{U_o}{U_i}$。

电压放大倍数的大小和静态工作点位置有关,因此在测量前应先调试好一定的静态工作点。

3. 最大不失真输出电压的测量

为了在动态时获得最大不失真输出电压,静态工作点应尽可能选在交流负载线中点,因此在上述调试静态工作点的基础上,应尽量加大U_i,同时适当调节偏置电阻$R_{B1}(R_{W1})$,若增大U_i先出现饱和失真,说明静态工作点太高,应将R_{B1}增大,使I_C减小,即静态工作点降下来。若增大U_i时先出现截止失真,则说明静态工作点太低,应减小R_{B1}使I_C增大。直至当U_i增大时截止失真和饱和失真几乎同时出现,此时的静态工作点即在交流负载线中点。这时,再慢慢减小U_i,当刚刚出现输出电压不失真时,此时的输出电压即为最大不失真输出电压。

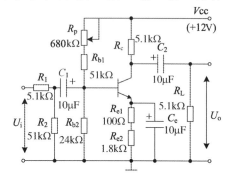

图 2-1-3 单级放大电路

实验模块(二)

实验电路图如图 2-1-3 所示。

五、实验步骤

1. 测量三极管的 β 值

按图 2-1-1 所示连接电路,调节R_{W1},使I_C分别等于(近似)1 mA 和 2 mA,测量并计算此时的β值,并将结果记入表 2-1-1 中。

表 2-1-1　测量β值

I_C(mA)	测量值			计算值	
	U_{R3}(V)	U_{R4}(V)	U_{R5}(V)	$I_B(\mu A)$	β
1					
2					

2. 静态工作点测试

(1) 将三极管V_1的信号输入端 H 与地短接(即用一短线将 H 端与接地端连通)。用导线短接电位器R_{W2}和电阻R_7。连接R_6和C_2的上面两端。

(2) 调节R_{W1},使$I_C = 2$ mA,将测量值记入表 2-1-2 中,判别三极管的工作状态。

表 2-1-2　调整静态工作点

I_C(mA)	测量值					计算值			三极管工作状态
	U_{R3}(V)	U_{R4}(V)	U_{R5}(V)	U_C(V)	U_E(V)	$I_B(\mu A)$	U_{CE}(V)	β	
2									

3. 电压放大倍数的测量

将 H、K 点用一短线接通,保持 $I_C = 2\,\text{mA}$,调节函数发生器,使其输出正弦波信号,频率为 $f = 1\,\text{kHz}$,信号加在 U_S 和接地端之间,逐渐加大输出信号幅度,使 $U_i = 5\,\text{mV}$(注意:U_i 是 H 端对地的电压),同时用示波器观察输出信号 U_o 的波形,在 U_o 不失真的情况下,测量下述两种情况下的 U_o 值,记入表 2-1-3 中。

根据连接电路,理论计算出连接电路电压放大倍数,计算如下:

$$r_{be} = 200 + (1+\beta)\frac{26\,\text{mV}}{I_E(\text{mA})} = \underline{\qquad}$$

接负载时 $(R_L = 2\,\text{k}\Omega)$:$A_u = -\beta\dfrac{R_C \parallel R_L}{r_{be}} = \underline{\qquad}$

不接负载时 $(R_L = \infty)$:$A_u = -\beta\dfrac{R_C}{r_{be}} = \underline{\qquad}$

表 2-1-3　测量电压放大倍数

负载	测量值		波形(频率、振幅)		计算值
$R_L(\text{k}\Omega)$	$U_i(\text{V})$	$U_o(\text{V})$	U_i 波形	U_o 波形	A_u
2					
∞					

4. 静态工作点对电压放大倍数的影响

使 $R_L = \infty$,$U_i = 5\,\text{mV}$,用示波器监视 U_o 波形,在 U_o 不失真的范围内,调节 R_{W1},多次测量 U_{R5} 和 U_o 值,记入表 2-1-4 中。

表 2-1-4　静态工作点对电压放大倍数的影响

负载断开 $R_L = \infty$ $U_i = 5\,\text{mV}$	$U_{R5}(\text{V})$				
	$U_o(\text{mV})$				
	A_u				

5. 最大不失真输出电压的测量

使 $R_L = \infty$,尽量加大 U_i,使波形首次出现失真,判别该失真为 $\underline{\qquad}$ 失真(饱和失真,截止失真),画出此时失真波形 $\underline{\qquad}$;调节 R_{W1} 改变静态工作点,波形出现另一种失真,判别该失真为 $\underline{\qquad}$ 失真,画出此时失真波形 $\underline{\qquad}$。使 U_o 波形同时出现削底失真和削顶失真,再稍许减小 U_i,使 U_o 无明显失真,测量此时的 U_{imax} 和 U_{omax} 及 I_C 值,并计算出 A_u 值,记入表 2-1-5 中。

表 2-1-5　最大不失真输出电压的测量

$I_C(\text{mA})$	$U_{imax}(\text{mV})$	$U_{omax}(\text{V})$	A_u

6. 输入电阻 r_i 的测量

最简单的办法是采用如图 2-1-4(a)所示的串联电阻法,在放大电路与信号源之间串入一个已知阻值的电阻 R_S，通过测出 U_S 和 U_i' 的电压来求得 r_i。

$$r_i = \frac{U_i'}{U_S - U_i'} \cdot R_S$$

本实验中用 R_1 代替 R_S，断开 H、K 间短线，其余同前面实验，函数发生器输出信号电压 U_S 加于 U_S 和接地端之间，其余同前面实验。测得 U_S、U_i'，记入表 2-1-6 中，并计算出 r_i。

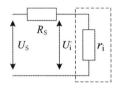 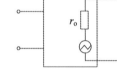

(a)　输入电阻的测量　　　　(b)　输出电阻的测量

图 2-1-4　输入/输出电阻的测量

测试时注意 U_S 不要取得太大（$I_C = 1\,\text{mA}$），确保输出波形不失真。$R_1 = 5.1\,\text{k}\Omega$，$R_L = 2\,\text{k}\Omega$。

表 2-1-6　输入电阻的测量

测量值		计算值	理论值
U_i'	U_S	r_i	r_i'

7. 输出电阻 r_o 的测量

测量输出电阻时的电路如图 2-1-4(b)所示，通过测出放大电路输出电压在接入负载 R_L 时的值 U_o 和不接负载（$R_L = \infty$）时的输出电压 U_o' 的变化来求得输出电阻。具体方法是将图 2-1-1 恢复原状，即将 H、K 再次短接起来，函数发生器输出的信号从 U_S 和接地端输入，且将放大电路输入信号的频率调至 1 kHz，幅度保持恒定（U_i 约 5 mV）的正弦电压，用双踪示波器监视输入，在输出波形不失真的前提下，测得负载电阻 R_L 接入和不接入两种情况下放大电路的输出电压 U_o 和 U_o'，从而求得输出电阻

$$r_o = \left(\frac{U_o'}{U_o} - 1\right)R_L$$

将测得的值记入表 2-1-7，并计算出 r_o。

表 2-1-7　输出电阻的测量

测量值		计算值	理论值
U_o	U_o'	r_o	r_o'

8. 按图 2-1-3 所示电路接线，重新测量

(1) 静态研究（测量三极管的 β 值）

接线完毕后仔细检查，确定无误后接通电源。改变 R_p，使 I_C 分别为 0.5 mA、1 mA、1.5 mA，测量 U_{Rb1} 和 U_{Rb2} 的值，并计算出三极管的 β 值，填入表 2-1-8（注意：I_B 的测量和计算方法）。

表 2-1-8　测量三极管的 β 值

I_C(mA)	测量值		计算值	
	U_{Rb1}(V)	U_{Rb2}(V)	$I_B(\mu A)$	β
0.5				
1				
1.5				

（2）动态研究

① 改变 R_p，使 I_C 为 1 mA。将信号发生器调到 $f = 1\,\text{kHz}$，幅值为 10 mV，接到放大器输入端 U_i，观察 U_i 和 U_o 端波形，并比较相位，画出 U_i 和 U_o 波形，记录频率和振幅值。

② 令 $R_L = \infty$，信号源频率不变，逐渐加大幅度，观察 U_o 不失真时的最大值并将结果填入表 2-1-9。

根据连接电路，计算此时电路电压的理论放大倍数，计算如下值：

$$r_{be} = 200 + (1 + \beta)\frac{26\,\text{mV}}{I_E(\text{mA})} = \underline{\qquad}$$

不接负载时（$R_L = \infty$）：$A_u = -\beta\dfrac{R_C}{r_{be}} = \underline{\qquad}$

表 2-1-9　电压放大倍数

测量值		计算值	理论值
U_i(mV)	U_o(V)	A_u	A_u'

③ 保持 $U_i = 5\,\text{mV}$ 不变，放大器接入负载 R_L，在改变 R_C 数值情况下测量，并将计算结果填入表 2-1-10。

根据连接电路，计算此时电路电压的理论放大倍数，计算如下值：

$$r_{be} = 200 + (1 + \beta)\frac{26\,\text{mV}}{I_E(\text{mA})} = \underline{\qquad}$$

接负载时（$R_L = 2\,\text{k}\Omega$）：$A_u = -\beta\dfrac{R_C \,/\!/\, R_L}{r_{be}} = \underline{\qquad}$

表 2-1-10　电压放大倍数

给定参数		测量值		计算值	理论值
$R_C(\Omega)$	$R_L(\Omega)$	U_i(mV)	U_o(V)	A_u	A_u'
2k	1k				
2k	2k				
5.1k	5k				
5.1k	20k				

④ 保持 $U_i = 5\,\text{mV}$ 不变,增大和减小 R_p,观察 U_o 波形的变化,测量 U_B、U_C、U_E 的值,并将结果填入表2-1-11。注意:若波形失真,观察不明显可增大或减小 U_i 的幅值重测。

表 2-1-11 静态工作点对放大电路的影响

R_p值	U_B	U_C	U_E	输出波形(频率、振幅)	工作状态
最大					
合适					
最小					

(3)测量放大器的输入、输出电阻

① 输入电阻的测量

在输入端串接一个 $5.1\,\text{k}\Omega$ 的电阻,如图 2-1-5 所示,测量 U_S 与 U_i,即可计算出 r_i。

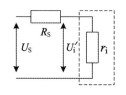

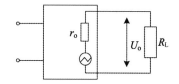

图 2-1-5 输入电阻测量　　　　图 2-1-6 输出电阻测量

② 输出电阻的测量

如图 2-1-6 所示,在输出端接入可调电阻作为负载,选择合适的 R_L 值,使放大器输出不失真(接示波器监视),测量有负载和空载时的 U_o,即可计算出 r_o 的值。将上述测量及计算结果填入表 2-1-12 中。

表 2-1-12 输入、输出电阻的测量

测量输入电阻($R_S = 5.1\,\text{k}\Omega$)				测量输出电阻			
测量值		计算值	理论值	测量值		计算值	理论值
U_S(mV)	U_i(mV)	r_i	r_i'	U_o' $R_L = \infty$	U_o $R_L = 5\,\text{k}\Omega$	r_o(kΩ)	r_o'(kΩ)

六、实验报告

1. 整理实验中所测得的实验数据。

2. 将实验值与理论估算值相比较,分析差异原因。

3. 总结静态工作点对放大电路性能的影响。

4. 讨论在调试过程中出现的问题。

实验二　场效应管放大电路

一、实验目的

1. 了解结型场效应管的性能和特点。
2. 进一步熟悉放大电路动态参数的测量方法。

二、实验设备及所用组件箱

名　　称	数　量	备　注
模拟(模数综合)电子技术实验箱	1	
函数信号发生器	1	
双踪示波器	1	
数字式万用表	1	
电子管毫伏表	1	

三、实验预习

1. 复习有关场效应管部分的内容,并分别用图解法与计算法估算管子的静态工作点(根据实验电路参数),求出工作点处的跨导 g_m。

2. 估算场效应管放大电路的各项动态性能指标。

四、实验原理

场效应管是一种电压控制型器件。按结构可分为结型和绝缘栅两种类型。由于场效应管栅源之间处于绝缘或反向偏置状态,所以输入电阻很高(一般可达上百兆欧),又由于场效应管是一种多数载流子控制器件,因此热稳定性好,抗辐射能力强,噪声系数小。加之制造工艺较简单,便于大规模集成,因此得到越来越广泛的应用。

1. 结型场效应管的特性和参数

场效应管的特性主要有输出特性和转移特性。如图 2-2-1 所示为 N 沟道结型场效应管 3DJ16H 的输出特性和转移特性曲线。其直流参数主要有漏极饱和电流 I_{DSS},夹断电压 U_P 等。

2. 场效应管放大电路性能分析

如图 2-2-2 所示为结型场效应管组成的共源级放大电路。其静态工作点

$$U_{GS} = U_G - U_S = \frac{(R_{17} + R_{p3})}{R_{14} + R_{17} + R_{p3}} V_{DD} - I_D \cdot R_{18}$$

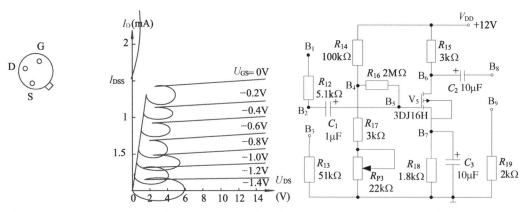

图 2-2-1　N 沟道结型场效应管 3DJ16H 的输出特性和
转移特性曲线

图 2-2-2　结型场效应管组成的
共源级放大电路

$$I_{\mathrm{D}} = I_{\mathrm{DSS}}\left(1-\frac{U_{\mathrm{GS}}}{U_{\mathrm{P}}}\right)^2$$

中频电压放大倍数　　　$A_{\mathrm{u}} = -g_{\mathrm{m}}R_{\mathrm{L}}' = -g_{\mathrm{m}}R_{15} \ /\!/ \ R_{19}$

输入电阻　　　　　　　$r_{\mathrm{i}} = R_{16} + (R_{17}+R_{\mathrm{P3}}) \ /\!/ \ R_{14}$

输出电阻　　　　　　　　　　　$r_{\mathrm{o}} \approx R_{15}$

式中跨导 g_{m} 可由特性曲线用作图法求得，或用公式 $g_{\mathrm{m}} = -\dfrac{2I_{\mathrm{DSS}}}{U_{\mathrm{P}}}\left(1-\dfrac{U_{\mathrm{GS}}}{U_{\mathrm{P}}}\right)$ 计算。但要注意，计算时 U_{GS} 要用静态工作点处的数值。

3. 输入电阻的测量方法

场效应放大电路的静态工作点、电压放大倍数和输出电阻的测量方法，与实验一中晶体管放大电路的测量方法相同。输入电阻的测量，从原理上讲，也可采用实验一中所述方法，但由于场效应管的 r_{i} 比较大，如直接测输入电压 U_{S} 和 U_{i}，由于测量仪器的输入电阻有限，必然会带来较大的误差。因此为

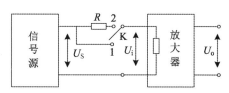

图 2-2-3　输入电阻测量电路

了减小误差，常利用被测放大电路的隔离作用，通过测量输出电压 U_{o} 来计算输入电阻。测量电路如图 2-2-3 所示。在放大电路的输入端串入电阻 R，把开关 K 掷向位置 1（即令 $R=0$），测量放大电路的输出电压 $U_{\mathrm{o1}} = A_{\mathrm{u}} \cdot U_{\mathrm{S}}$；保持 U_{S} 不变，再把 K 掷向 2（即接入 R），测出放大电路的输出电压 U_{o2}。由于两次测量中 A_{u} 和 U_{S} 保持不变，故：

$$U_{\mathrm{o2}} = A_{\mathrm{u}} \cdot U_{\mathrm{i}} = \frac{r_{\mathrm{i}}}{R+r_{\mathrm{i}}} U_{\mathrm{S}} \cdot A_{\mathrm{u}} = \frac{r_{\mathrm{i}}}{R+r_{\mathrm{i}}} U_{\mathrm{o1}},$$

由此可以求出：$r_{\mathrm{i}} = \dfrac{U_{\mathrm{o2}}}{U_{\mathrm{o1}}-U_{\mathrm{o2}}} \cdot R$，式中 R 和 r_{i} 不要相差太大，本实验可取 R 为 $100 \sim 200\ \mathrm{k\Omega}$。

五、实验步骤

1. 静态工作点的测量和调整

按图 2-2-2 连接电路,接通＋12 V电压,用万用表测量 U_G、U_S 和 U_D,同时调节电位器 R_{p3},使静态工作点在特性曲线放大区的中间部分(U_{DS} 为 8～10 V)。把结果记入表 2-2-1 中。

表 2-2-1 静态工作点的测量数据

测量值				测量计算值		
$U_G(V)$	$U_S(V)$	$U_D(V)$	$U_{R15}(V)$	$U_{DS}(V)$	$U_{GS}(V)$	$I_D(mA)$

2. 电压放大倍数、输入电阻和输出电阻的测量

(1) A_u 和 r_o 的测量

在放大电路的输入端 B_2 加入 $f = 1$ kHz 的正弦信号 U_i(50～100 mV),并用示波器监视输出电压 U_o 的波形。在输出电压 U_o 没有失真的条件下,用电子管毫伏表分别测量 $R_L = \infty$ 和 $R_L = 2$ kΩ 时的输出电压 U_o(注意:保持 U_i 不变)。输出电阻的测量方法同实验一。将实验数据记入表 2-2-2 中。

表 2-2-2 A_u 和 r_o 的测量数据

负载	测量值		测量计算值		理论计算值	波形(频率、振幅)	
R_L	$U_i(V)$	$U_o(V)$	A_u	$r_o(kΩ)$	$r_o'(kΩ)$	U_i	U_o
∞							
2kΩ							

(2) 输入电阻的测量

按图 2-2-3 改接实验电路,选择合适大小的输入电压 U_S(约 50～100 mV),将开关 K 掷向"1",测出 $R = 0$ 时的输出电压 U_{o1},然后将开关掷向"2"(接入 R),保持 U_S 不变,再测出 U_{o2},根据公式:$r_i = \dfrac{U_{o2}}{U_{o1} - U_{o2}} \cdot R$,求出 r_i,把结果记入表 2-2-3 中。

表 2-2-3 输入电阻的测量数据

测量值		测量计算值	理论计算值
$U_{o1}(V)$	$U_{o2}(V)$	$r_i(kΩ)$	$r_i'(kΩ)$

六、实验报告

1. 整理实验数据,将测得的 A_u、r_i、r_o 和理论计算值进行比较。
2. 把场效应管放大电路与晶体管放大电路进行比较,总结场效应管放大电路的特点。
3. 分析测试中的问题,总结实验收获。

实验三　晶体管多级放大电路

一、实验目的

1. 掌握多级放大电路电压放大倍数的测量方法。
2. 测量多级放大电路的频率特性。
3. 了解工作点对动态范围的影响。

二、实验设备及所用组件箱

名　　称	数　量	备　注
模拟(模数综合)电子技术实验箱	1	
数字式万用表	1	
函数发生器及数字频率计	1	
电子管毫伏表	1	
双踪示波器	1	

三、实验预习

1. 复习教材中有关晶体管多级放大电路部分的内容。
2. 根据电路参数估算此电路的静态工作点及两级放大电路的电压放大倍数。

四、实验原理

实验模块(一)

实验电路如图 2-3-1 所示。总的电压放大倍数 $A_o = \dfrac{U_{o2}}{U_i} = \dfrac{U_{o1}}{U_i} \cdot \dfrac{U_{o2}}{U_{o1}} = A_{u1} \cdot A_{u2}$

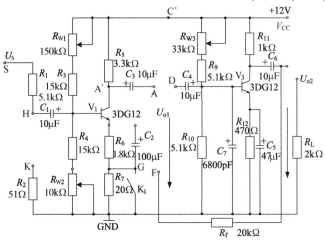

图 2-3-1　晶体管多级放大电路(一)

本实验电路输入端加入了一个 $\dfrac{R_2}{R_1+R_2}=\dfrac{51\ \Omega}{5.1\times10^3\ \Omega+51\ \Omega}\approx\dfrac{1}{100}$ 的分压器,其目的是为了使交流毫伏表可在同一量程下测 U_S 和 U_{o2},以减小因仪表不同量程带来的附加误差。电阻 R_1、R_2 应选精密电阻,且 $R_2\ll r_{i1}$。接入 $C_7=6\,800\,\mathrm{pF}$ 是为了使放大电路的 f_H 下降,便于用一般实验室仪器进行测量。

必须指出,当改变信号源频率时,其输出电压的大小略有变化,测放大电路幅频特性时,应予以注意。

实验模块(二)

实验电路如图 2-3-2 所示。

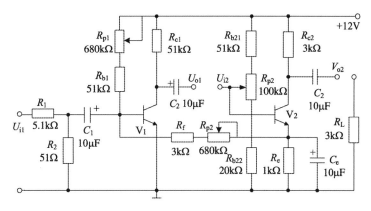

图 2-3-2　晶体管多级放大电路(二)

五、实验步骤

1. 测量三极管 V_3 的 β_3 值

实验一中已测量了三极管 V_1 的 β_1 值,本实验中按图 2-3-1 电路再测三极管 V_3 的 β_3 值,并将测得数据记入表2-3-1中。

调节 R_{W3},使 I_{C3} 分别等于 $3\,\mathrm{mA}$ 和 $5\,\mathrm{mA}$(根据电路实际参数设置),测量此时的 β_3 值。

表 2-3-1　测量 β_3 值

I_C (mA)	测量值		测量值计算		已知值
	U_{R9} (V)	U_{R10} (V)	I_{B3} (μA)	β_3	β_1
3					
5					

2. 调节工作点

(1) 按图 2-3-1 接线,图中 H、K 用线连接起来,R_{W2} 两端用线短接,与 R_7 并联的小开关 K_1 合上,连接 R_6 和 C_2 的上面两端,将 V_1 的集电极与 C_4 电容正极接通,就组成了两级阻容耦合放大电路。

(2) 调节 R_{W1} 和 R_{W3},使 $I_{E1}\approx1.3\,\mathrm{mA}$,$I_{E3}=4.9\,\mathrm{mA}$(通过测量 R_6 和 R_{12} 上的电压求

得),将 V_1 和 V_3 各工作点的电压和电流数据记入表 2-3-2。

表 2-3-2 工作点测量数据

U_{B1} (V)	U_{E1} (V)	U_{C1} (V)	I_{C1} (mA)	U_{B3} (V)	U_{E3} (V)	U_{C3} (V)	I_{C3} (mA)

3. 测量放大倍数

当输入信号 U_i 的频率 $f = 1\,kHz$，U_i 的大小应使输出电压不失真，$R_L = 2\,k\Omega$ 时，测试各级放大倍数。将测得的数据填入表 2-3-3。但须注意，应在示波器监视输出波形不失真的条件下，才能读取数据。

表 2-3-3 各级放大倍数测量数据 ($R_L = 2\,k\Omega$)

U_i (mV)	U_{o1} (mV)	U_{o2} (mV)	A_{u1}	A_{u2}	$A_{u总}$

4. 测量幅频特性

在保持 $U_S = 100\,mV$ 的条件下，改变输入信号的频率，先找出放大电路的 f_o、f_L 和 f_H，然后测试多级放大电路的幅频特性。

测量放大电路下限频率 f_L 和上限频率 f_H 的方法是：在保持 $U_S = 100\,mV$ 的条件下，改变输入信号的频率，使输出信号 U_o 达到最大值，此时的频率为中心频率 f_o，测 U_o 的值；先降低输入信号源频率，当输出信号 U_o 的值降到中心频率时输出信号值的 0.707 倍时，此时对应的频率即为下限频率；再升高输入信号源的频率，当 f 升高到一定值，若输出信号 U_o 的值再度降到中心频率时输出信号值的 0.707 倍时，此时对应的频率即为上限频率 f_H。画出实验电路的频率特性简图，标出 f_o、f_H 和 f_L，并将数据记入表 2-3-4。

表 2-3-4 频率特性测量数据

	$f_o =$		$f_L =$		$f_H =$		
U_{omax}	f_o	$0.707 U_{omax}$	f_L	f_H	A_{uo}	A_{uL}	A_{uH}

5. 末级动态范围测试 ($R_L = 2\,k\Omega$)

用示波器观察 U_{o2} 的波形，输入信号频率 $f = 1\,kHz$，调节 U_S 从 100 mV 逐渐增大，直到 U_{o2} 的波形在正或负峰值附近开始产生削波，这时适当调节 R_{W3}，直到在某一个 U_S 下，U_{o2} 的波形在正、负峰值附近同时开始削波，这表明 V_3 的静态工作点正好位于动态（交流）负载线的中点。再缓慢减小 U_S 到 U_{o2} 无明显失真，将 V_3 的工作点 (U_{B2}、U_{C2}、U_{E2}) 以及 U_{o2PP} 记入表 2-3-5 中。

表 2-3-5 末级动态范围测量数据

U_{B2}	U_{C2}	U_{E2}	U_{o2PP}

6. 按图 2-3-2 所示电路接线,重新测量(注意接线尽可能短)

(1) 静态工作点设置:要求第二级在输出波形不失真的前提下幅值尽量大。

(2) 在输入端加上 1 kHz 幅度为 1 mV 的交流信号。(一般采用实验箱上加衰减的办法,即信号源用一个较大的信号,例如 100 mV,在实验板上经 100:1 衰减电阻降为 1 mV)调整工作点使输出信号不失真。

注意:如发现有寄生振荡,可采用以下措施消除:①重新布线,尽可能走线短。②可在三极管的发射极(e)和基极(b)之间加几皮法到几百皮法的电容。③信号源与放大器用屏蔽线连接。④增加负反馈电路。

(3) 按表 2-3-6 中的要求测量并计算,注意测静态工作点时应断开输入信号。

表 2-3-6 多级放大电路动、静态分析

	静态工作点						输入/输出电压(mV)			电压放大倍数		
	第 1 级			第 2 级						第 1 级	第 2 级	总电路
	U_{c1}	U_{b1}	U_{e1}	U_{c2}	U_{b2}	U_{c2}	U_i	U_{o1}	U_{o2}	A_{u1}	A_{u2}	A_u
空载												
负载												

(4) 接入负载电阻 $R_L = 3 k\Omega$,再按表 2-3-6 中的要求测量并计算,比较接入负载前后的结果。

(5) 测两级放大器的频率特性

① 将放大器负载断开,先将输入信号频率调到 1 kHz,幅度调到使输出幅度最大而不失真。

② 保持输入信号幅度不变,改变频率,按表 2-3-7 测量并记录。(亦可:在保持输入信号 U_i 不变的条件下,改变输入信号的频率,使输出信号 U_o 达到最大值,此时频率为中心频率 $f_o =$ _____,测 $U_o =$ _____;先降低输入信号源频率,当输出信号 U_o 的值降到中心频率时输出信号值的 0.707 倍时,此时对应的频率即为下限频率 $f_L =$ _____;再升高输入信号源的频率,当频率升高到一定值,若输出信号 U_o 的值再度降到中心频率时输出信号值的 0.707 倍时,此时对应的频率即为上限频率 $f_H =$ _____)

③ 接上负载,重复上述实验。

表 2-3-7 频率特性测量数据

	f(Hz)	50	100	250	500	1 000	2 500	5 000	10 000	20 000
U_o	$R_L = \infty$									
	$R_L = 3 k\Omega$									

六、实验报告

1. 整理实验数据。

2. 画出实验电路的频率特性简图,标出 f_o、f_H 和 f_L。

实验四　负反馈放大电路

一、实验目的

1. 验证负反馈对放大器性能的影响。
2. 掌握反馈放大器性能的测试方法。

二、实验设备及所用组件箱

名　　称	数　量	备　注
模拟(模数综合)电子技术实验箱	1	
数字式万用表	1	
函数发生器及数字频率计	1	
电子管毫伏表	1	
双踪示波器	1	

三、实验预习

1. 复习教材中有关晶体管放大及负反馈部分的内容。
2. 认真阅读实验内容要求,估计待测量内容的变化趋势。
3. 图 2-4-1 电路中晶体管的 β 值为 120,计算该放大器开环和闭环电压放大倍数。

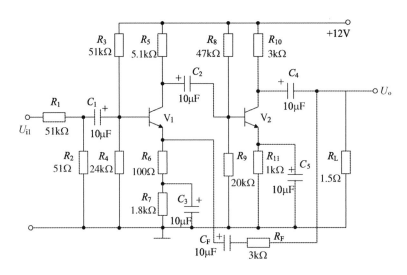

图 2-4-1　负反馈放大电路

四、实验原理及实验步骤

1. 负反馈放大器开环和闭环放大倍数的测试

（1）开环电路

① 按图 2-4-1 接线，R_F 先不接入。

② 输入端接入 $U_{i1} = 100\,\text{mV}$，$f = 1\,\text{kHz}$ 的正弦波。调整接线和参数使输出不失真且无寄生振荡。

③ 按表 2-4-1 要求进行测量并填表。

④ 根据实测值计算开环放大倍数和输出电阻 r_o。

（2）闭环电路

① 接通 R_F，调整接线和参数使输出不失真且无寄生振荡。

② 按表 2-4-1 要求测量并填表，计算 A_{uf}。

③ 根据实测结果，验证 $A_{uf} \approx \dfrac{1}{F}$，$F$ 为反馈系数，$F = \dfrac{U_f}{U_o}$。

表 2-4-1 闭环电路测量数据

	$R_L\,(\text{k}\Omega)$	$U_i\,(\text{mV})$	$U_o\,(\text{mV})$	A_u
开环	∞	1		
	5.1	1		
闭环	∞	1		
	5.1	1		

2. 负反馈对失真的改善作用

（1）将图 2-4-1 电路开环，逐步加大 U_i 的幅度，使输出信号出现失真（注意不要过分失真）记录失真波形幅度。

（2）将电路闭环，观察输出情况，并适当增加 U_i 的幅度，使输出幅度接近开环时失真波形幅度。

（3）若 $R_F = 3\,\text{k}\Omega$ 不变，但 R_F 接入 V_1 的基极，会出现什么情况？实验验证之。

（4）画出上述各步实验的波形图（记录波形频率和 U_{pp} 值）。

3. 测量放大器的频率特性

（1）将图 2-4-1 电路先开环，选择 U_i 适当幅度（频率为 1\,kHz）使输出信号在示波器上显示，调节输入信号频率，使输出信号达到最大值，此时输入信号频率为中心频率 f_o。

（2）保持输入信号幅度不变逐渐增加频率，直到波形减小为中心频率时输出信号的 70.7%，此时信号频率即为放大器的 f_H。

（3）条件同上，但逐渐减小频率，测得 f_L。

（4）将电路闭环，重复（1）~（3）步骤，并将结果填入表 2-4-2。

表 2-4-2　频率特性测量数据

	f_o(Hz)	f_H(Hz)	f_L(Hz)
开环			
闭环			

五、实验报告

1. 将测量值与理论值进行比较,分析误差原因。
2. 根据实验内容总结负反馈对放大电路的影响。

实验五　射极跟随器

一、实验目的

1. 掌握射极跟随器的特性及测量方法。
2. 进一步学习放大器各项参数的测量方法。

二、实验设备及所用组件箱

名　　　称	数　量	备　注
模拟(模数综合)电子技术实验箱	1	
数字式万用表	1	
函数发生器及数字频率计	1	
电子管毫伏表	1	
双踪示波器	1	

三、实验预习

1. 参照教材有关章节内容,熟悉射极跟随器的原理及特点。
2. 根据图 2-5-1 器件参数,估算静态工作点,画交直流负载线。

四、实验原理

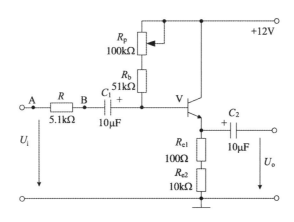

图 2-5-1　射极跟随器电路

五、实验步骤

1. 按图 2-5-1 电路接线。

2. 直流工作点的调整。

将电源 +12 V 接上,在 B 点加载 $f = 1\,kHz$ 正弦波信号,输出端用示波器监视,反复调整 R_p,使输出幅度在示波器屏幕上得到一个最大不失真波形,然后断开输入信号,用万用表测量晶体管各极对地的电位,即为该放大器静态工作点,将所测数据填入表 2-5-1。

表 2-5-1　直流工作点测量

$U_B(V)$	$U_C(V)$	$U_E(V)$	$I_E(A)$

3. 测量电压放大倍数 A_u。

接入负载 $R_L = 1\,k\Omega$,在 B 点加载 $f = 1\,kHz$ 信号,调整输入信号幅度(此时偏置电位器 R_p 不能再旋动),用示波器观察,在输出最大不失真情况下测 U_i 和 U_L 值,并将测得的数据填入表2-5-2 中。

表 2-5-2　测量电压放大倍数

$U_i(V)$	$U_L(V)$	A_u

4. 测量输出电阻 R。

在 B 点加载 $f = 1\,kHz$ 正弦信号,$U_i = 100\,mV$ 左右,接上负载 $R_L = 2.2\,k\Omega$ 时,用示波器观察输出波形,测空载输出电压 $U_o(R_L = \infty)$,有负载输出电压 $U_{oL}(R_L = 2.2\,k\Omega)$ 的值。

则 $R_o = \left(\dfrac{U_o}{U_{oL}} - 1\right)R_L$。将测得数据填入表 2-5-3 中并计算。

表 2-5-3　测量输出电阻

$U_o(mV)$	$U_{oL}(mV)$	$R_o(\Omega)$

5. 测量放大器输入电阻 R_i(采用换算法)

在输入端串入 $5.1\,k\Omega$ 电阻,A 点加载 $f = 1\,kHz$ 的正弦信号,用示波器观察输出波形,用毫伏表分别测 A,B 点对地电位 U_S,U_i。

则 $R_i = \dfrac{U_i}{U_S - U_i}R = \dfrac{R}{\dfrac{U_S}{U_i} - 1}$,将测得的数据填入表 2-5-4 中并计算

表 2-5-4　测量放大器输入电阻

U_S(V)	U_i(V)	R_i(Ω)

6. 测量射极跟随器的跟随特性

接入负载 $R_L = 2.2\,\mathrm{k\Omega}$，在 B 点加载 $f = 1\,\mathrm{kHz}$ 的正弦信号，逐点增大输入信号幅度 U_i，用示波器监视输出端，在波形不失真时，测量所对应的 U_{oL} 值，计算出 A_u。将所测数据填入表 2-5-5 中。

表 2-5-5　测量射极跟随器的跟随特性

	1	2	3	4
U_i				
U_{oL}				
A_u				

六、实验报告

1. 绘出实验原理电路图，标明实验的元件参数值。

2. 整理实验数据及说明实验中出现的各种现象，得出有关结论；画出必要的波形及曲线。

3. 将实验结果与理论计算比较，分析产生误差的原因。

实验六　差动放大电路

一、实验目的

1. 学习差动放大电路静态工作点的测量方法。
2. 测定差动放大电路在不同输入和输出连接方式下的差模和共模电压放大倍数。
3. 了解差动放大电路对共模信号的抑制作用。

二、实验设备及所用组件箱

名　称	数　量	备　注
模拟(模数综合)电子技术实验箱	1	
数字式万用表	1	
函数发生器及数字频率计	1	
电子管毫伏表	1	
双踪示波器	1	

三、实验预习

1. 复习教材中有关差动放大部分的内容,理解差分放大电路的工作原理。
2. 根据实验电路参数,分别估算图 2-6-1 中 A_8 接 A_9 和 A_8 接 V_3 时集电极的静态工作点 U_{CE} 和 I_E 的值。
3. 实验中怎样获取单端输入差模信号?怎样获取共模信号?

四、实验原理

将两特性相同的基本放大电路按如图2-6-1所示电路组合在一起便形成了差动放大器。R_{p1} 为调零电位器,信号从 U_{i1}、U_{i2} 两端输入,在 V_1、V_2 两管集电极输出 U_o,两个电阻 R_1、R_2 为均压电阻。

将 A_8、A_9 接通,构成典型的差动放大器,调零电位器 R_{p1} 可以弥补电路两边的不对称,用来调节 V_1、V_2 两管的初始工作状态,使输入信号 U_i 为零时,双端电压 U_o 也为零。R_{10} 为两管共用发射极电阻,对差模信号无负反馈

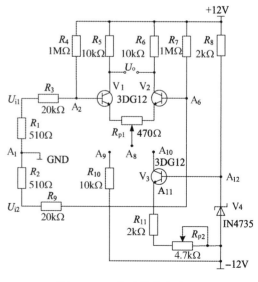

图 2-6-1　差动放大电路

作用,不影响差模电压放大倍数,但对共模信号有较强的负反馈作用,即对共模信号有抑制作用。R_{10} 与电源($-12\ V$)配合,使两管 V_1、V_2 获得合适的静态工作点。

将 A_8 和 V_3 的集电极接通,构成具有恒流源的差动放大器。它用晶体管恒流源代替了发射极电阻 R_{10},可进一步提高差动放大器的共模抑制能力。

差动放大器当输入差模信号时,差模电压放大倍数 A_D 的大小与输出方式有关,与输入方式无关。

五、实验步骤

1. 典型差动放大器

(1) 静态工作点的测量

① 调节放大器零点:A_8 接 A_9,U_{i1}、U_{i2} 端相连接地,接通直流稳压电源,然后调节 R_{p1} 电位器,使放大器双端输出电压 $U_o = 0$。

② 静态工作点的测量:测量 V_1、V_2 管各电极电位及电阻 R_{10} 两端电压 U_{R10},记入表 2-6-1 中。用数字式直流电压表测量。

表 2-6-1 静态工作点测量数据

测量值	U_{B1} (V)	U_{C1} (V)	U_{E1} (V)	U_{B2} (V)	U_{C2} (V)	U_{E2} (V)	U_{R10} (V)
计算值	I_C (mA)			I_B (mA)		U_{CE} (V)	

(2) 电压放大倍数的测量(注意:每次改接电路结构后,需重新校正放大器零点,以求测量数据的准确)。

① 将函数发生器输出的两个幅值相同、相位相反、频率均为 1 kHz 的正弦信号分别加在 U_{i1}、U_{i2} 两点之间,用示波器监视输出波形,在输出无明显失真的情况下,用电子管毫伏表测 U_{C1}、U_{C2}、U_o、U_{R10}、U_{i1}、U_{i2},并计算差动输入和双端输出时的放大倍数。将数据记入表 2-6-2。

表 2-6-2 电压放大倍数测量数据

	典型差动放大器			
	双端输入差模信号		单端输入差模信号	共模输入
U_{i1} (V)				
U_{i2} (V)				
$U_i = U_{i1} - U_{i2}$ (V)				
U_{C1} (V)				
U_{C2} (V)				
U_o (V)				
U_{R10} (V)				

（续表）

	典型差动放大器		
	双端输入差模信号	单端输入差模信号	共模输入
$A_{D1} = \dfrac{\Delta U_{C1}}{\Delta U_i}$			/
$A_{D2} = \dfrac{\Delta U_{C2}}{\Delta U_i}$			/
$A_D = \dfrac{\Delta U_o}{\Delta U_i}$			/
$A_{C1} = \dfrac{\Delta U_{C1}}{\Delta U_i}$	/	/	
$K_{CMR} = \left\| \dfrac{A_D}{A_C} \right\|$			

② 将函数发生器输出的 1 个 1 kHz 正弦波信号加在 U_{i1}、U_{i2} 两点之间,且把 U_{i2} 端接地,此时电路为单端输入,在输出无明显失真的情况下,测量 U_o、U_{C1}、U_{C2}、U_{R10}、U_{i1}、U_{i2},并计算单端输入、双端输出时的放大倍数,将以上数据记入表 2-6-2 中,并计算双端输入、单端输出以及单端输入、单端输出时的电压放大倍数。

（3）比较相位：用示波器接外同步方式,观察和比较 U_{C1}、U_{C2} 与 U_i 的相位,并记录下波形的频率和振幅。

（4）测量 K_{CMR}：U_{i1}、U_{i2} 两点相连,A_8 接 A_9,在 $U_{i1}(U_{i2})$ 与地间加入 1 kHz、1 V 的正弦交流电压,测 $U_{i1}(U_{i2})$、U_{C1}、U_{C2}、U_o、U_{R10} 的值,并将测量数据记入表 2-6-2 中,计算共模电压放大倍数 A_{C1},记入表 2-6-2 中。

2. 具有恒流源的差动放大器

A_8 接 A_{10} 构成具有恒流源的差动放大器,输入端 U_{i1}、U_{i2} 之间加入 1 kHz 的正弦交流信号后,重复 1 的内容(1)～(4)的要求,并将测得的数据记入表 2-6-3 中。

表 2-6-3 差动放大器的输入特性测量

	典型差动放大器		具有恒流源的差动放大器	
	单端输入差模信号	共模输入	单端输入差模信号	共模输入
$U_i(V)$				
$U_{C1}(V)$				
$A_{D1} = \dfrac{U_{C1}}{U_i}$				
$A_{C1} = \dfrac{U_{C1}}{U_i}$				
$K_{CMR} = \dfrac{A_{D1}}{A_{C1}}$				

六、实验报告

1. 根据实验数据计算不同输入、输出方式下的差模电压放大倍数，并进行比较。

2. 计算典型差动放大电路单端输出时的共模抑制比和具有恒流源的差动放大电路单端输出时的共模抑制比，并进行比较。

3. 比较 U_i、U_{C1}、U_{C2} 间相位关系。

4. 根据实验中所观察到的现象，总结电阻 R_{10} 及恒流源的作用。

5. 画出差动放大电路的输入-输出特性，从而求出线性工作范围。

实验七　集成运算放大的基本运算电路

一、实验目的

1. 测试由集成运算放大电路构成的同相输入比例运算电路的电压传输特性。

2. 了解集成运算放大电路的三种输入方式,了解用集成运算放大电路构成的加法、减法、积分等运算电路。

二、实验设备及所选用组件箱

名　　　称	数　量	设备编号
模拟(模数综合)电子技术实验箱	1	
电子管毫伏表	1	
双踪示波器	1	
函数发生器及数字频率计	1	
数字式万用表	1	
运算放大器(如 LM324 或 μA741)	1	

实验采用的集成运算放大器型号为 LM324。它是由四个独立的高增益、内部频率补偿的运算放大器组成,既可在双电源下工作,也能在宽电压范围的单电源下工作。图 2-7-1 是 LM324 塑料封装十四脚的双列直插组件的管脚布置图,实验时可任意选用其中一只。表 2-7-1 和表 2-7-2 是 LM324 的(部分)极限参数和电特性。

表 2-7-1　LM324 的极限参数

参　　　数	额定值	单　　位
最大电源电压	$\pm16\sim32$	V
差动输入电压	±32	V
功耗(L 塑料双列直插式)	570	mW
工作温度范围	$0\sim70$	℃

表 2-7-2　LM324 的电特性

参数(U_+5 V)	最小	典型	最大	单位
输入共模电压范围	0		$U_+-1.5$	V
大信号电压增益	25	100		dB
输出电压摆幅	0		$U_+-1.5$	V

（续表）

参数(U_+5 V)	最小	典型	最大	单位
共模抑制比	65	70		dB
输出电流（流出）	20	40		mA
输出电流（吸收）	10	20		mA
输出短路至地电流		40	60	mA

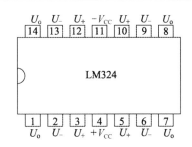

图 2-7-1　LM324 塑料封装的管脚图

三、实验预习

1. 复习教材中有关集成运算放大器构成的基本运算电路的内容,理解各电路的工作原理。

2. 根据实验内容计算各运算电路的输出电压和电压放大倍数的理论值。

3. 查阅资料,了解集成运算放大器 LM324 各引脚的功能及主要技能指标。

四、实验原理

实验模块（一）

集成运算放大电路(简称集成运放)是一种高增益的直流放大器,它有两个输入端。根据输入电路的不同,有同相输入、反相输入和差动输入三种方式。在实际运用中都必须用外接负反馈网络构成闭环,用以实现各种模拟运算。

1. 同相输入比例运算电路及电压传输特性。

图 2-7-2 为同相输入比例运算电路,当输入端 A 加入信号电压 u_i 时,在理想条件下,其输入输出的关系为:

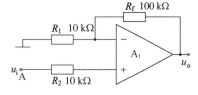

图 2-7-2　同相输入比例运算电路

$$u_o = \left(1 + \frac{R_f}{R_1}\right)u_i$$

即输入输出成比例关系。但输出信号的大小受放大电路的最大输出幅度的限制,因此输入输出只在一定范围内是保持线性关系的。表征输入输出的关系曲线即

$$u_o = f(u_i)$$

称为电压传输特性,可用示波器加以观察。

2. 反相加法运算电路

图 2-7-3 为反相输入加法运算电路,当输入端 A、B 同时加入 u_{i1}、u_{i2} 信号时,在理想条件下,其输出电压为

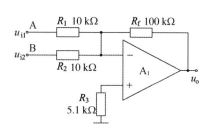

$$u_o = -\left(\frac{R_f}{R_1}u_{i1} + \frac{R_f}{R_2}u_{i2}\right)$$

3. 差动运算电路

图 2-7-4 为差动运算电路,用它可实现减法运算。当输入端 A、B 同时加入信号电压 u_{i1}、u_{i2},且 $R_f/R_1 = R_3/R_2$ 时,在理想条件下,其输出电压为

图 2-7-3　反相加法运算电路

$$u_o = \frac{R_f}{R_1}(u_{i2} - u_{i1})$$

4. 积分运算电路

图 2-7-5 为积分运算电路,在理想条件下,且电容两端的初始电压为零时,若输入端 A 加一输入信号 u_i,则输出电压为

$$u_o = -\frac{1}{R_1C}\int_0^t u_i \mathrm{d}t$$

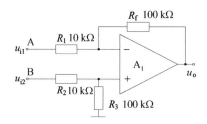

图 2-7-4　差动运算电路

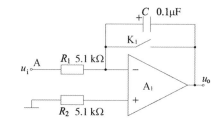

图 2-7-5　积分运算电路

若 u_i 为一幅值等于 U_i 的负阶跃电压,则

$$u_o = \frac{U_i}{R_iC}t$$

输出电压随时间 t 线性增长。

实验模块(二)

1. 电压跟随器

实验电路如图 2-7-6 所示。

2. 反相比例放大器

实验电路如图 2-7-7 所示。

3. 同相比例放大器

电路如图 2-7-8 所示。

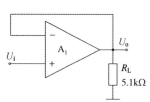
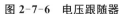
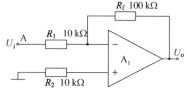

图 2-7-6　电压跟随器　　图 2-7-7　反相比例放大器

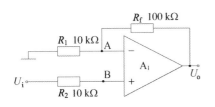

图 2-7-8 同相比例放大电路

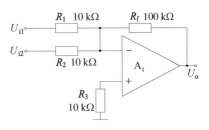

图 2-7-9 反向求和放大电路

4. 反相求和放大电路。

实验电路如图 2-7-9 所示。

5. 双端输入求和放大电路

实验电路为图 2-7-10 所示。

五、实验步骤

实验模块(一)

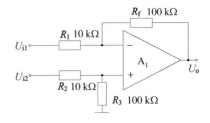

图 2-7-10 双端输入求和电路

1. 同相比例运算。

按图 2-7-2 连接电路。

(1) 交流(示波器)法

将频率为 100 Hz 的音频信号作 u_i,接至输入端 A,由零逐渐增加,用示波器观察输出电压 u_o 的波形,记录输入电压及最大不失真输出电压值,记入表 2-7-3。

再把 u_i 接示波器的 X 轴输入端,作为 X 轴扫描电压,u_o 接示波器 Y 轴输入端,使 u_i 的幅度从零逐渐增加,观察电压传输特性,绘于表 2-7-3 中。

表 2-7-3 输入电压及最大不失真输出电压值

输入信号 u_i(V)			最大不失真输出电压 u_o(V)		
有效值	峰峰值	波 形	有效值	峰峰值	波 形

(2) 直流法

以图 2-7-11 所组成的直流信号 U_i 作输入,适当改变 U_i,测试相应的 U_o 值,记入表 2-7-4中,并计算 U_o/U_i(要求测得的 U_o 值有大有小,有正有负)。注意:输入信号应调节适当,避免输出信号进入饱和状态。

表 2-7-4 直流法测量

次数	1	2	3	4	5	6	7	8	9	10
U_i(V)										
U_o(V)										
U_o/U_i										

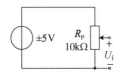

图 2-7-11　直流信号 U_i

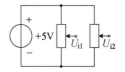

图 2-7-12　信号源

2. 反相加法运算

按图 2-7-3 所示线路完成加法运算,信号按图 2-7-12 接线,U_{i1} 与 A 端,U_{i2} 与 B 端分别相接,适当调节信号大小和极性,测出 U_o,并将 U_{i1}、U_{i2} 和 U_o 对应数据记入表 2-7-5 中。注意:可以先确定一个较小的输入信号,调节另一输入信号值,避免输出信号进入饱和状态;调节 U_{i1}、U_{i2} 时,若相互有影响要反复调节。

表 2-7-5　反相加法运算测量

次数	1	2	3	4	5	6	7	8	9	10
U_{i1}(V)										
U_{i2}(V)										
U_o(V)										

3. 减法运算

按图 2-7-4 所示线路完成减法运算,要求同上,并将测得数据记入表 2-7-6 中。

表 2-7-6　减法运算测量

次数	1	2	3	4	5	6	7	8	9	10
U_{i1}(V)										
U_{i2}(V)										
U_o(V)										

4. 积分运算

按图 2-7-5 所示线路,完成积分运算。

将开关 K_1 闭合,运放输入为 0,电容短接,保证电容器上无电荷,$U_o = 0$。当开关 K_1 断开,U_i 输入为一矩形波,用示波器观察输入/输出波形,测量并记录 U_o 的频率与幅度值,填入表 2-7-7 中。

表 2-7-7　积分运算测量

U_i 波形	U_i 幅度值	U_o 波形	U_o 频率	U_o 幅度值

实验模块(二)

1. 电压跟随器

按图 2-7-6 所示电路接线。按表 2-7-8 所示内容测量并记录数据。

表 2-7-8　电压跟随器测量

U_i(V)		−2	−0.5	0	+0.5	1
U_o(V)	$R_L = \infty$					
	$R_L = 5.1\,k\Omega$					

2. 反相比例放大器

按图 2-7-7 所示电路接线,分别按表 2-7-9、2-7-10 所示内容测量并记录实验数据。

表 2-7-9　反相比例放大器测量(1)

直流输入电压 U_i(mV)		30	100	300	1 000	3 000
输出电压 U_o	理论估算值(mV)					
	实测值(mV)					
	误差					

表 2-7-10　反相比例放大器测量(2)

	测试条件	理论估算值	实测值
ΔU_o			
ΔU_{AB}	R_L 开路,		
ΔU_{R2}	直流输入信号 U_i 由 0 变为 800 mV		
ΔU_{R1}			
ΔU_{oL}	$U_i = 800$ mV　R_L 由开路变为 5.1 kΩ		

3. 同相比例放大器

按图 2-7-8 所示电路接线,按表 2-7-11 和表 2-7-12 所示内容测量并记录实验数据。

表 2-7-11　同相比例放大电路测量(1)

直流输入电压 U_i(mV)		30	100	300	1 000
输出电压 U_o	理论估算值(mV)				
	实测值(mV)				
	误差				

表 2-7-12　同相比例放大电路测量(2)

	测试条件	理论估算值	实测值
ΔU_o			
ΔU_{AB}	R_L 开路,		
ΔU_{R2}	直流输入信号 U_i 由 0 变为 800 mV		
ΔU_{R1}			
ΔU_{oL}	$U_i = 800$ mV　R_L 由开路变为 5.1 kΩ		

4. 反相求和放大电路

实验电路如图 2-7-9 所示,按表 2-7-13 所给内容进行实验测量,并将相应数据填入表中。

表 2-7-13　反向求和放大电路测量数据

U_{i1} (V)	0.3	−0.3
U_{i2} (V)	0.2	0.2
U_o (V)		

5. 双端输入求和放大电路

按图 2-7-10 所示电路接线,按表 2-7-14 中所给数据进行实验并将相应数据填入表 2-7-14 中。

表 2-7-14　双端输入求和电路测量

U_{i1} (V)	1	2	0.2
U_{i2} (V)	0.5	1.8	−0.2
U_o (V)			

六、实验报告

1. 画出各实验电路图,标明各元件参数。
2. 总结本实验中各运算电路的特点及性能。
3. 整理实验数据及结果,将理论估算值和实测数据进行比较,分析产生误差的原因。
4. 根据实验测得的同相比例传输特性,画出反相比例传输特性,并说明之。

实验八　集成运算放大的波形运算电路

一、实验目的

学习用集成运算放大器组成正弦波发生器、方波发生器及三角波发生器。

二、实验设备及所选用组件箱

名　　称	数　　量	设备编号
模拟(模数综合)电子技术实验箱	1	
数字式万用表	1	
双踪示波器	1	
运算放大器(LM324 或 μA741)	1	

三、实验预习

1. 按图 2-8-1 元件参数估算振荡器的振荡频率。
2. 按图 2-8-2 元件参数,R_W滑动触头放中心位置,估算振荡频率。
3. 按图 2-8-3 元件参数,当 $R_W=0$ 时,估算振荡频率。

四、实验原理

实验模块(一)

1. RC 桥式正弦波振荡器(即文氏电桥振荡器)

图 2-8-1 为由集成运算放大器组成的 RC 桥正弦波振荡器。其中 RC 串、并联网络组成正反馈支路,同时兼作选频网络。R_1、R_W、R_2组成负反馈支路,作为稳幅环节。选频网络的 RC 串、RC 并和负反馈网络中的 (R_1+W')、(R_2+W'')正好形成电桥的四个臂,电桥的对角顶点接到运算放大器的两个输入端,构成了 RC 桥正弦波振荡器。

电路的振荡频率为:

$$f_0 = \frac{1}{2\pi RC}$$

为了建立振荡,要求电路满足自激振荡条件。调节电位器 R_W 可改变 A_f 的大小,即改变输出电压 U_o 幅值的

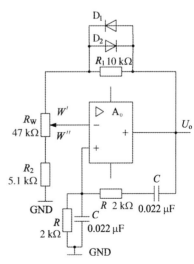

图 2-8-1　集成运算放大器组成的 RC 桥式正弦波振荡器

大小。在负反馈支路中接入与电阻 R_1 并联的二极管 D_1、D_2，可以实现振荡幅度的自动稳定。

2. 方波发生器

方波发生器是一种产生方波或矩形波的非正弦波发生器。如图 2-8-2 所示，在迟滞比较器电路中，增加一条由 R_fC_f 积分电路组成的负反馈支路，构成了一个简单的方波发生器。

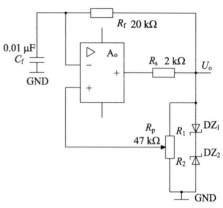

图 2-8-2　方波发生器

方波的频率为

$$f_0 = \frac{1}{2R_fC_f\ln\left(1 + 2\dfrac{R_2}{R_1}\right)}$$

上式表明，方波的频率与 R_fC_f 及 R_2/R_1 有关，本实验采用电位器 R_p 改变 R_2/R_1，对频率进行调节。

电路输出端引入的限流电阻 R_s 和两个背靠背的稳压管 DZ_1 和 DZ_2 组成双向限幅电路。

3. 三角波发生器

如果把迟滞比较器和积分器首尾相接，如图 2-8-3 所示，组成正反馈电路，形成自激振荡。比较器输出方波，积分器输出三角波。方波发生器由三角波触发，积分器对方波发生器的输出积分，形成一闭环电路。

电路的振荡频率为

$$f_0 = \frac{R_2}{4R_1(R_f + R_p)C}$$

在 R_f 上串接一个电位器 R_p，调节 R_p 则可以调节电路的振荡频率。

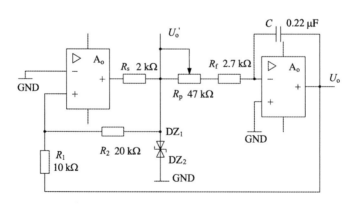

图 2-8-3　三角波发生器

实验模块(二)

1. 方波发生电路

实验电路如图 2-8-4 所示，双向稳压管的稳压值一般为 5～6 V。

2. 占空比可调的矩形波发生电路
实验电路如图 2-8-5 所示。
3. 三角波发生电路
实验电路如图 2-8-6 所示。
4. 锯齿波发生电路
实验电路如图 2-8-7 所示。

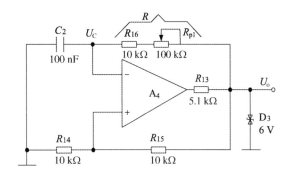

图 2-8-4 方波发生电路

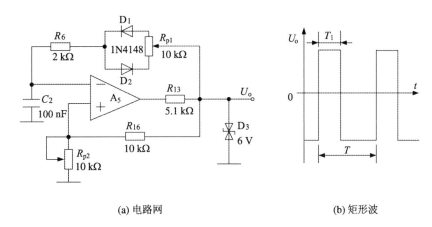

(a) 电路网   (b) 矩形波

图 2-8-5 占空比可调的矩形波发生电路

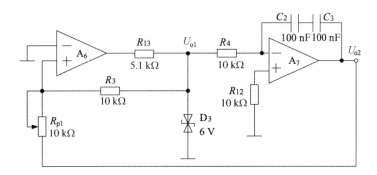

图 2-8-6 三角波发生电路

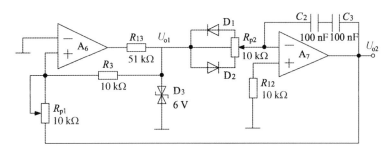

图 2-8-7 锯齿波发生电路

五、实验内容及步骤

实验模块(一)

1. 正弦波发生器

按图 2-8-1 接好实验电路。

(1) 改变负反馈支路电位器 R_W 的阻值,使电路输出正弦信号。观察并描绘输出波形。

(2) 在输出幅值最大且不失真的情况下,用示波器测量输出信号的频率 f_o、反馈电压 $U(-)$、$U(+)$ 及输出电压 U_o 的幅值,并将数据记入表 2-8-1 中。

表 2-8-1 正弦波发生器输出波形特性

频率	幅值		
f_o	$U(-)$	$U(+)$	U_o

(3) 研究稳幅二极管 D_1、D_2 的作用。

分别在 D_1、D_2 接入和断开的情况下,调节电位器 R_W,在 U_o 不失真的条件下,记下 R_W 的可调范围。进行比较,分析 D_1、D_2 的作用。

2. 方波发生器

按图 2-8-2 接好实验电路。

(1) 将电位器 R_p 调至中心位置,观察并描绘 u_o、u_c 波形,测量其幅值及频率,测量 R_2、R_1,并将数据记入表 2-8-2 中。

表 2-8-2 方波发生器输出波形特性及数据(一)

u_o 波形		u_c 波形		R_1	R_2
幅值	频率	幅值	频率		

(2) 改变 R_p 的位置,观察 u_o、u_c 的波形、幅值及频率的变化情况。分别记下 $R_1 > R_2$ 和 $R_2 > R_1$ 两种情况下 u_o 和 u_c 的波形、幅值及频率,并将数据记入表 2-8-3 中。

表 2-8-3 方波发生器输出波形特性及数据(二)

		u_o	u_c
$R_1 > R_2$	幅值		
	频率		
	波形		
$R_2 > R_1$	幅值		
	频率		
	波形		

（3）将R_p恢复至中心位置，用一导线将两稳压管之一短接，观察u_o的波形，并与（1）进行比较。

3. 三角波发生器

按图 2-8-3 接好电路。

（1）将电位器R_p调至中心位置，观察并描绘u_o、u_o'的波形，测量其幅值及频率，测量R_p的值，并将数据记入表 2-8-4 中。

表 2-8-4　三角波发生器输出波形特性及数据

u_o波形		u_o'波形		R_p
幅值	频率	幅值	频率	

（2）改变R_p的位置，观察u_o和u_o'的波形、幅值及频率的变化情况。

实验模块（二）

1. 方波发生电路

（1）按图 2-8-4 所示电路图接线，画出U_C、U_o的波形（振幅，频率）。

（2）分别测出$R = 10\ \text{k}\Omega$，$110\ \text{k}\Omega$ 时的频率，输出幅值。

（3）要想获得更低的频率应如何选择电路参数？利用实验箱上给出的元器件进行实验并观测相关数据。

2. 占空比可调的矩形波发生电路

（1）按图 2-8-5 所示电路图接线，观察并测量电路的振荡频率、幅值及占空比。

（2）若要使占空比更大，应如何选择电路参数并应用实验验证。

3. 三角波发生电路

（1）按图 2-8-6 所示电路图接线，分别测出U_{o1}及U_{o2}的波形并记录。

（2）如何改变输出波形的频率？按预习方案分别实验并记录。

4. 锯齿波发生电路

（1）按图 2-8-7 所示电路图接线，观测电路的输出波形和频率。

（2）改变锯齿波的频率并测量频率变化范围。

六、实验报告

1. 正弦波发生器

（1）讨论R_W调节对建立自激振荡的影响。将输出信号频率f_0与理论计算值进行比较。

（2）讨论二极管的稳幅作用。

2. 方波发生器

（1）整理实验数据，并与理论值进行比较。

（2）画出方波波形。

（3）分析当R_2、R_1变化时，对u_o波形、幅值及频率的影响。

3. 三角波发生器

绘出三角波的波形图。实测频率值与理论值进行比较。

实验九 OTL、OCL 功率放大器

一、实验目的

1. 进一步理解 OTL、OCL 功率放大器的工作原理。
2. 学会 OTL、OCL 电路的调试及主要性能指标的测试方法。

二、实验设备及所用组件箱

名　称	数　量	备　注
模拟(综合)电子技术实验	1	
信号源及数字频率计	1	
双踪示波器	1	
电子管毫伏表	1	
数字式万用表	1	

三、实验预习

1. 复习有关 OTL、OCL 工作原理的内容。
2. 电路中电位器 R_{f2} 或 R_{f4} 如果开路或短路,对电路工作有何影响?
3. 为了不损坏输出管,调试中应注意什么问题?

四、实验原理

如图 2-9-1 所示为 OTL 低频功率放大电路。其中 V_1 为推动级(也称前置放大级), V_2、V_3 是一对参数对称的 NPN 和 PNP 型晶体三极管,它们组成互补推挽 OTL 功放电路。由于每一个管子都接成射极输出器形式,因此具有输出电阻低、负载能力强等优点,适合作功率输出级。V_1 工作于甲类工作状态,它的集电极电流 I_{C1} 由电位器 R_{f2} 进行调节。I_{C1} 的一部分流经电位器 R_{f2} 及二极管 D_1,给 V_2、V_3 提供偏压。调节 R_{f2},可以使 V_2、V_3 得到合适的静态电流而工作于甲、乙类状态,以克服交越失真。需要注意的是,若 R_{f2} 阻值调节过大,则从 $+V_{CC}$ 经电阻 R_4、V_2 管发射结、V_3 管发射结、V_1 管发射结、R_5 到地形成一个通路,有较大的基极电流 I_{B2}、I_{B3} 流过,从而导致 V_2 管和 V_3 管有很大的集电极直流电流,以至于 V_2 管和 V_3 管可能因功耗过大而损坏。因此在实验过程中若是散热器过热,则应及时减小 R_{f2} 的阻值。静态时要求输出端中点 A 的电位可以通过调节 R_{f1} 来实现,由于 R_{f1} 的一端接在

$$U_A = \frac{1}{2}V_{CC}$$

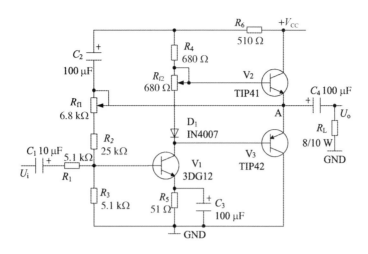

图 2-9-1 OTL 低频功率放大电路

A点,因此在电路中引入交、直流电压并联负反馈,一方面能够稳定放大器的静态工作点,同时也改善了非线性失真。

当输入正弦交流信号 u_i 时,经 V_1 放大、倒相后同时作用于 V_2、V_3 的基极,U_i 的负半周使 V_2 管导通(V_3 管截止),有电流通过负载 R_L,同时向电容 C_4 充电,在 u_i 的正半周,V_3 导通(V_2 截止),则已充好电的电容 C_4 起着电源的作用,通过负载 R_L 放电,这样在 R_L 上就得到了完整的正弦波。

C_2 和 R_6 构成自举电路,用于提高输出电压正半周的幅度,以得到大的动态范围。

如图 2-9-2 所示为 OCL 低频功率放大电路,其工作原理与 OTL 低频功放电路大致相同,静态时要求输出端中点 A 的电位为零,可以通过调节 R_{f3} 来实现。当输入正弦交流信号

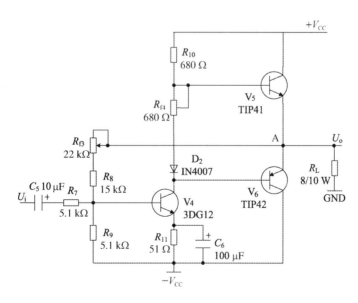

图 2-9-2 OCL 低频功率放大电路

u_i 时,经 V_4 放大、倒相后同时作用于 V_5、V_6 的基极,u_i 的负半周使 V_5 管导通(V_6 管截止),此时为负电源供电。u_i 的正半周使 V_6 管导通(V_5 管截止),此时为正电源供电,这样在 R_L 上就得到了完整的正弦波。

主要性能指标

1. 最大不失真输出功率 P_{om}

理想情况下

$$P_{om} = \frac{1}{8} \cdot \frac{V_{CC}^2}{R_L}$$

在实验中可通过测量 R_L 两端的电压有效值,来求得实际的

$$P_{om} = \frac{U_o^2}{R_L}$$

2. 效率 η

$$\eta = \frac{P_{om}}{P_E} \times 100\%$$

P_E——直流电源供给的平均功率。理想情况下,$\eta_{max} = 78.5\%$。在实验中,可测量电源供给的平均电流 I_{dc},从而求得 $P_E = V_{CC} \cdot I_{dc}$,负载上的交流功率已用上述方法求出,因而也就可以计算出实际效率了。

3. 频率响应

详见第二部分模拟电子技术实验中的实验三。

4. 输入灵敏度

输入灵敏度是指输出最大不失真功率时,输入信号 U_i 的值。

五、实验步骤

在整个测试过程中,电路不应有自激现象。

1. OTL 功放电路实验

(1) 静态工作点的测试

① 调节输出端中点电位 U_A

按图 2-9-1 连接实验电路,接通 +12 V 电源,调节电位器 R_{f1},用数字直流电压表测量 A 点电位,使

$$U_A = \frac{1}{2} V_{CC}$$

用手触摸输出级管子,若电流过大,或管子温升显著,应立即断开电源检查原因(如 R_{f2} 开路,电路自激,或输出管性能不好等)。如无异常现象,可开始调试。

② 调整输出级静态电流并测试各级静态工作点

使 $R_{f2} = 0$,在输入端接入 $f = 1$ kHz 的正弦信号 U_i。逐渐加大输入信号的幅值,此

时，输出波形应出现较严重的交越失真(注意：没有饱和截止失真)，然后缓慢增大 R_{f2}，当交越失真刚好消失时，停止调节 R_{f2}，恢复 $U_i=0$。此时直流毫安表的读数即为输出级静态电流。

输出级电流调好以后，测量各级静态工作点，并将数据记入表 2-9-1 中。

表 2-9-1　各级静态工作点测量数据 $I_{C2}=I_{C3}=$ ___ mA　$U_A=6$ V

	V_1	V_2	V_3
U_B(V)			
U_C(V)			
U_E(V)			

注意：①在调整 R_{f2} 时，一定要注意旋转方向，不要调得过大，更不能开路，以免损坏输出管。若散热器发烫，则应及时减小 R_{f2} 的阻值。②输出管静态电流调好，如无特殊情况，不得随意旋动 R_{f2} 的位置。

(2) 最大输出功率 P_{om} 和效率 η 的测试

① 测量 P_{om}

输入端接 $f=1$ kHz 的正弦信号 U_i，输出端用示波器观察输出电压 U_o 的波形。逐渐增大 U_i，使输出电压达到最大不失真输出，用交流毫伏表测出负载 R_L 上的电压 U_{om}，则

$$P_{om}=\frac{U_{om}^2}{R_L}$$

② 测量效率 η

将数字直流毫安表串入电源进线中，当输出电压为最大不失真输出时，读出数字直流毫安表中的电流值，此电流即为直流电源供给的平均电流 I_{CC}(有一定误差)，由此可近似求得 $P_E=V_{CC}\cdot I_{CC}$，再根据上面测得的 P_{om}，则可求出

$$\eta=\frac{P_{om}}{P_E}\times 100\%$$

(3) 输入灵敏度测试

根据输入灵敏度的定义，只要测出输出功率 $P_o=P_{om}$ 时的输入电压值 U_i 即可。

2. OCL 功放电路实验

实验步骤同(1)OTL 功放电路实验中的步骤(1)、(2)、(3)，将所得数据记于表 2-9-2 中。

表 2-9-2　OCL 功放电路特性

$I_{C5}=I_{C6}=$ ___ mA　$U_A=6$ V

	V_4	V_5	V_6
U_B(V)			
U_C(V)			
U_E(V)			

六、实验报告

1. 整理实验数据,计算静态工作点、最大不失真输出功率 P_{om}、效率 η 等,并与理论值进行比较。画出频率响应曲线。

2. 分析自举电路的作用。

3. 分析实验中出现的异常现象。

实验十　串联型晶体管稳压电源

一、实验目的

1. 研究单相桥式整流、电容滤波电路的特性。
2. 掌握直流稳压电源主要技术指标的测试方法。

二、实验设备及所用组件箱

名　　称	数　　量	备　　注
模拟(综合)电子技术实验箱	1	
双踪示波器	1	
电子管毫伏表	1	
数字式万用表	1	

三、实验预习

1. 复习教材中有关分立元件稳压电源部分的内容，并根据实验电路参数估算 U_o 的可调范围及 $U_o=12\ \text{V}$ 时 V_5、V_7 管的静态工作点(假设调整管的饱和压降 $U_{CEIS}\approx1\ \text{V}$)。
2. 分析保护电路的工作原理。
3. 怎样提高稳压电源的性能指标?

四、实验原理

实验模块(一)

电子设备一般都需要直流电源供电。这些直流电除了少数直接利用干电池和直流发电机外,大多数是采用把交流电(市电)转变为直流电的直流稳压电源。

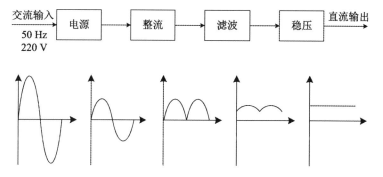

图 2-10-1　直流稳压电源原理框图

直流稳压电源由电源变压器、整流、滤波和稳压电路四部分组成,其原理框图如图 2-10-1 所示。电网供给的交流电压 u_i(220 V, 50 Hz)经电源变压器降压后,得到符合电路需要的交流电压 u_2,然后由整流电路变换成方向不变、大小随时间变化的脉动电压 u_3,再用滤波器滤去其交流分量,就可得到比较平直的直流电压 u_4。但这样的直流输出电压,还会随交流电网电压的波动或负载的变化而变化。在对直流供电要求较高的场合,还需要使用稳压电路,以保证输出直流电压更加稳定。

图 2-10-2 是由分立元件组成的串联型稳压电源的电路图。其整流部分为单相桥式整流和电容滤波电路。稳压部分为串联型稳压电路,它由调整元件(晶体管 V_5),比较放大器 V_7、R_7,取样电路 R_1、R_2、R_p,基准电压 R_3、V_8 和过流保护电路 V_6 管及电阻等组成。整个稳压电路是一个具有电压串联负反馈的闭环系统,其稳压过程为:当电网电压波动或负载变动引起输出直流电压发生变化时,取样电路取出输出电压的一部分送入比较放大器,并与基准电压进行比较,产生的误差信号经 V_7 放大后送至调整管 V_5 的基极,使调整管改变其管压降,以补偿输出电压的变化,从而达到稳定输出电压的目的。

由于在稳压电路中,调整管与负载串联,因此流过它的电流与负载电流一样大。当输出电流过大或发生短路时,调整管会因电流过大或电压过高而损坏,所以需要对调整管加以保护。在图 2-10-2 电路中,晶体管 V_6、R_4、R_5、R_6 组成减流型保护电路。此电路设计在 $I_{op} = 1.2 I_o$ 时开始起保护作用,此时输出电流减小,输出电压降低。故障排除后电路应能自动恢复正常工作。在调试时,若保护提前作用,应减小 R_6 的值;若保护作用滞后,则应增大 R_6 的值。

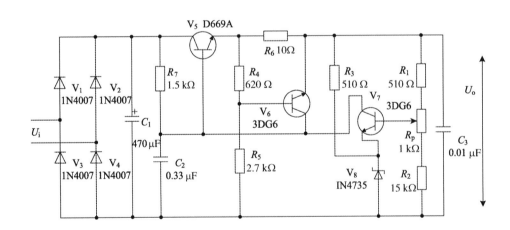

图 2-10-2   串联型稳压电源的电路图

稳压电源的主要性能指标

1. 输出电压 U_o 和输出电压调节范围

$$U_o = \frac{R_1 + R_p + R_2}{R_2 + R_p} \cdot (U_Z + U_{BE7})$$

调节 R_p 可以改变输出电压 U_o。

2. 最大负载电流 I_{om}

3. 输出电阻 r_o

输出电阻 r_o 定义为,当输入电压 U_i(稳压电路输入)保持不变时,由于负载变化而引起的输出电压变化量 ΔU_o 与输出电流变化量 ΔI_o 之比,即

$$r_o = \frac{\Delta U_o}{\Delta I_o}\bigg|_{U_i=常数}$$

4. 稳压系数 S(电压调整率)

稳压系数定义为,当负载保持不变时,输出电压相对变化量与输入电压相对变化量之比,即:

$$S = \frac{\Delta U_o/U_o}{\Delta U_i/U_i}\bigg|_{R_L=常数}$$

由于工程上常把电网电压波动±10%作为极限条件,因此有时也将此时输出电压的相对变化 $\Delta U_o/U_o$ 作为衡量指标,称为电压调整率。

5. 纹波电压

输出纹波电压是指在额定负载条件下,输出电压中所含交流分量的有效值(或峰值)。

实验模块(二)

实验电路如图 2-10-3 所示。

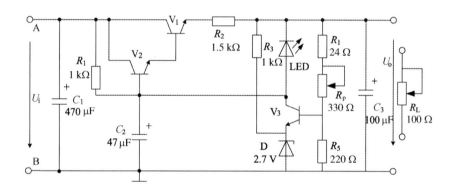

图 2-10-3　串联型稳压电源的电路图

五、实验步骤

1. 初测

按图 2-10-2 连接实验电路。U_i 接 15 V 交流电源,调节 R_p,观察空载时输出电压 U_o 是否随着改变。若 U_o 不随着改变,则说明稳压电路没有工作。因为稳压电路是一个深负反馈的闭环系统,只要环路中任意一个环节出现故障(某管截止或饱和),稳压电路就会失去自动调节作用。此时可分别检查基准电压 U_Z,输入电压 U_i,输出电压 U_o,以及比较放大器和调整管各电极的电位(主要是 U_{BEQ} 和 U_{CEQ}),分析它们的工作状态是否都处在线性区,从而找

出不能正常工作的原因,排除故障以后就可以进行下一步测试。

2. 测量输出电压可调范围

取 $U_i=15$ V,调节电位器 R_p,测量输出电压的最大值 U_{omax} 和最小值 U_{omin} 以及对应稳压电路中调整管 V_5 的管压降 U_{CE5},并将数据记入表 2-10-1 中。

表 2-10-1　输出电压可调范围测量数据

给定值	测量值			
U_i	U_{omax}	U_{CE1L}	U_{omin}	U_{CE1H}
15 V				

3. 测量各级静态工作点

取 $U_i=15$ V,调节 R_p,使 $U_o=12$ V,接入负载 $R_L=120$ Ω,测量各级静态工作点,并将数据记入表 2-10-2 中。

表 2-10-2　各级静态工作点测量数据

$U_2=15$ V　$U_o=12$ V　$I_o=100$ mA

	V_1	V_2	V_3
U_B(V)			
U_C(V)			
U_E(V)			

4. 测量稳压系数

取 $U_i=15$ V,$R_L=120$ Ω,调节输出电压至最大值,改变调压器副边电压将 U_i 调至为 17 V 和 13 V(即模拟电源电压波动 $\pm10\%$),分别测出相应的输入电压 U_i 及输出直流电压 U_o,并将数据记入表 2-10-3 中。

表 2-10-3　输入电压 U_i 及输出直流电压 U_o 的测量值

$R_L=120$ Ω

给定值	测量值		计算值
U_2(V)	U_1(V)	U_o(V)	S
13			$S_{12}=$
15			$S_{23}=$
17			

5. 测量输出电阻 r_o

取 $U_2=15$ V,$R_L=120$ Ω,调节输出电压至最大值,改变滑动变阻器位置,使 $I_o=$ 50 mA 和 0,测量相应的 U_o 值,并将数据记入表 2-10-4 中。

表 2-10-4　测量输出电阻

给定值	测量值	计算值
$I_o(\text{mV})$	$U_o(\text{V})$	r_o
50		$r_{o12}=$
100		
0		$r_{o23}=$

6. 测量输出纹波电压 $\widetilde{U}$

取 $U_i=15$ V，$R_L=120$ Ω，调节输出电压至最大值，测量输出纹波电压 $\widetilde{U}$，并将数据记入表2-10-5 中。

表 2-10-5　输出纹波电压

给定值			测量值
U_i	U_o	I_o	$\widetilde{U}$
15 V	12 V	100 mA	

7. 调整过流保护电路

① 负载 R_L 接滑线变阻器，调节 R_p 及 R_L 使 $U_o=12$ V，$I_o=100$ mA，此时保护电路应不起作用。测出 V_6 管各极电位值。

② 逐渐减小 R_L，使 I_o 增加到 300 mA，观察 U_o 是否下降，并测出保护起作用时 V_6 管各极的电位值，若保护作用过早或滞后，可通过改变 R_6 的值进行调整。

③ 用导线瞬时短接一下输出端，测量 U_o 值，然后去掉导线，检查电路是否能自动恢复正常工作。

8. 按实验(二)所示电路(图 2-10-3)重新测量

(1) 静态调试

① 仔细查清电路板的接线及引线端子。

② 按图 2-10-3 接线，负载 R_L 开路，即稳压电源空载。

③ 将＋5 V～＋27 V 电源调到 9 V，接到 U_i 端，再调节电位器 R_p，使 $U_o=6$ V。测量各三极管的 Q 点。

④ 调试输出电压的调节范围。

调节 R_p，观察输出电压 U_o 的变化情况。记录 U_o 的最大和最小值。

(2) 动态测量

① 测量电源稳压特性。使稳压电源处于空载状态，调节可调电源电位器，模拟电网电压波动±10％；即 U_i 由 8 V 变到 10 V。测量相应的 ΔU。

根据 $S=\dfrac{\Delta U_o/U_o}{\Delta U_i/U_i}$ 计算稳压系数。

② 测量稳压电源内阻。稳压电源的负载电流 I_L 由空载变化到额定值 $I_L=100$ mA 时，测量输出电压 U_o 的变化量即可求出电源内阻 $\left|r_o=\dfrac{\Delta U_o}{\Delta I_L}\right|$。测量过程中，使 $U_i=9$ V 保持

不变。

③ 测试输出的纹波电压。将图 2-10-3 中的电压输入端 U_i 接到如图 2-10-4 所示的整流滤波电路输出端(即接通 A—a,B—b),在负载电流 $I_L=100$ mA 的条件下,用示波器观察稳压电源输入输出中的交流分量 u_o,描绘其波形。用晶体管毫伏表测量交流分量的大小。

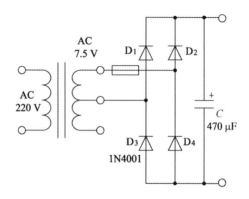

图 2-10-4　整流滤波电路

思考题:A:如果把图 2-10-3 电路中电位器 R_p 的滑动端往上(或是往下)调,各三极管的 Q 点将如何变化? 可以试一下。

B:调节 R_L 时,V_3 的发射极电位如何变化? 电阻 R_L 两端电压如何变化? 可以试一下。

C:如果把 C_3 去掉(开路),输出电压将如何变化?

D:这个稳压电源中哪个三极管消耗的功率最大? 按实验(二)中 1. 静态调试中的第(3)点要求接线。

(3) 输出保护

① 在电源输出端接上负载,同时串接电流表。并用电压表监视输出电压,逐渐减小 R_L 值,直到短路,注意 LED 发光二极管逐渐变亮,记录此时的电压、电流值。

② 逐渐加大 R_L 值,观察并记录输出电压、电流值。注意:此实验内容短路时间应尽量短(不超过 5 s),以防元器件过热。

六、实验报告

1. 根据表 2-10-3 和表 2-10-4 所测数据,计算稳压电路的稳压系数 S 和输出电阻 r_o。并进行分析。

2. 分析实验中出现的异常现象。

实验十一　集成稳压电路

一、实验目的

1. 掌握单相半波、单项桥式全波整流的工作原理。
2. 观察几种常用滤波器的效果。
3. 掌握集成稳压电路的工作原理及技术性能的测试方法。

二、实验设备及所用组件箱

名　称	数　量	备　注
模拟(模数综合)电子技术实验箱	1	
双踪示波器	1	
电子管毫伏表	1	
数字式万用表	1	

三、实验预习

1. 复习教材中集成稳压部分的内容。
2. 说明 U_L、$\tilde{U}_L$ 的物量意义,从仪器设备中选择恰当的测量仪表。

四、实验原理

实验模块(一)

半导体二极管具有单相导电特性,通过整流电路,将单相交流电整流成单方向脉动的直流电。假设整流二极管与变压器均为理想元件,则在单相半波整流电路中,负载上的电压平均值 U_L 与变压器副边电压的有效值 U_2 的关系是 $U_L = 0.45U_2$,单相全波整流电路中,则是 $U_L = 0.9U_2$。

在整流电路之后,通过电容、电感或电阻组成的滤波电路,将脉动的直流电变成平滑的直流电。

整流电路的主要性能指标为输出直流电压 U_L 和纹波系数 γ。电容滤波条件下 $U_L = 1.2U_2$。纹波系数用来表征整流电路输出电压的脉动程度,定义为输出电压中交流分量有效值 $\tilde{U}_L$(又称纹波电压)与输出电压平均值之比,即

$$\gamma = \frac{\tilde{U}_L}{U_L}$$

γ 值越小越好。

当交流电源电压或负载电流变化时,整流滤波电路所输出的直流电压,不能保持稳定不变,为了获得稳定的直流输出电压,在整流滤波电路之后,还需增加稳压电路。直流稳压电源是由电源变压器、整流滤波电路和稳压电路组成。

本实验采用集成稳压电路,它与分立元件组成的稳压电路相比,具有外接线路简单,使用方便,体积小,工作可靠等优点。

图 2-11-1 为三端式集成稳压器 7815(+15 V)的外形和引脚,它有三个引出端,1—输入端;2—公共地端;3—输出端,其参数为:输出电压+15 V,输出电流 1.5 A(要加散热器)。输出电阻 $r_0 = 0.03$ Ω,输入电压范围 18～21 V。

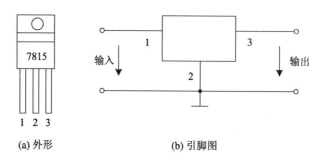

(a) 外形   (b) 引脚图

图 2-11-1   三端式集成稳压器 7815 的外形和引脚图

图 2-11-2 为三端可调式集成稳压器 LM317T 的引脚和线路图,1—调整端,2—输出端,3—输入端,其最大输入电压 40 V,输出 1.25～37 V 可调,最大输出电流 1.5A(需加散热器),LM317T 的输出符合以下公式:

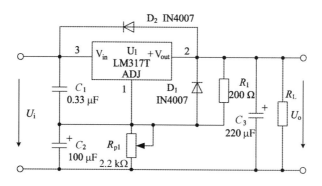

图 2-11-2   三端可调式集成稳压器 LM317T 的引脚和线路图

$$U_o = 1.25\left(1 + \frac{R_{p_1}}{R_1}\right)$$

所以,如果 1 脚接地,则 U_o 最小值为 1.25 V;如果想要使输出能调到零,必须在 1 脚接一个 -1.25 V 的电压。

稳压电源的主要性能指标为输出电压调节范围,输出电阻 r_0 和稳压系数 S_0。本实验所用稳压块输出电压固定为 +12 V,不能调节。

输出电阻 r_0 定义为当输入交流电压 U_2 保持不变时,由于负载变化而引起的输出电压的变化 ΔU_L 与输出电流的变化 ΔI_L 之比,即

$$r_0 = \frac{\Delta U_L}{\Delta I_L}\bigg|_{\Delta u_2 = 0}$$

稳压系数 S 定义为当负载保持不变,输入交流电压从额定值变化 $\pm 10\%$ 时,输出电压的相对变化量 ΔU_L 与输入交流电压的相对变化量 ΔU_2 之比,即

$$S = \frac{\Delta U_L}{\Delta U_2}$$

显然,r_0 及 S 越小,输出电压越稳定。

本实验中负载电阻为三种,即 ∞,240 Ω,120 Ω。

实验模块(二)

实验电路如图 2-11-3 所示。

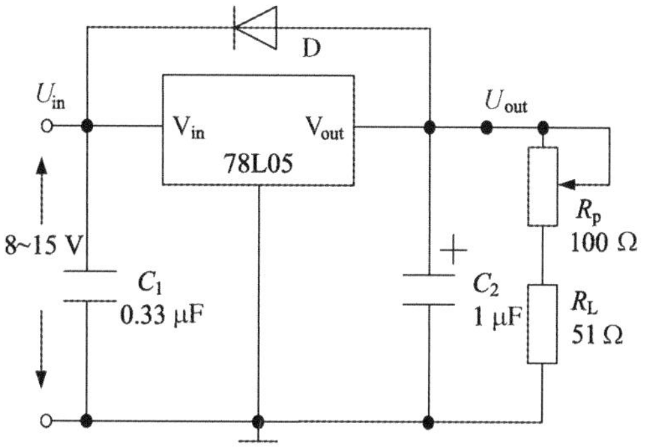

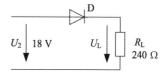

图 2-11-3　三端稳压器电路参数测试

五、实验步骤

1. 单相半波整流电路

(1) 按图 2-11-4 所示连接好线路,测 U_L、U_2 及 $\tilde{U}_L$ 的值,观察 U_L 的波形,并将数据记入表 2-11-1 中。

(2) 在整流电路与负载之间接入滤波电容①100 μF、②470 μF。

(3) 在整流电路与负载之间接入 CRC 滤波电路。

重复(1)的要求,并将测得的数据记入表 2-11-1 中。

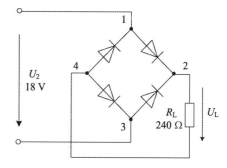

图 2-11-4　单相半波整流电路图

2. 单相桥式全波整流

(1) 按图 2-11-5 接好线路,输入端与 18 V 交流电源接通。

(2) 观察整流电路输入交流电压 U_2 及负载两端电压 U_L 的波形,测量 U_2,U_L 及纹波电压 $\tilde{U}_L$,并将数据记入表 2-11-1 中。注意,测量 U_2、$\tilde{U}_L$ 用什么仪表,什么量程,测 U_L 又用什么仪表?

(3) 在整流电路与负载之间接入滤波电容①100 μF,②470 μF,重复内容(2)的要求,并将数据记入表 2-11-1 中。

(4) 在整流电路与负载之间接入 CRC 滤波器,重复内容(2)的要求,并将数据记入表 2-11-1 中。

图 2-11-5　单相桥式全波整流电路

注意:

① 每次改变接线时,必须切断输入交流电源。

② 整个实验在观察负载电压 U_L 波形的过程中,Y 轴的衰减开关和微调旋钮在第一次调整好后不要再动,否则各波形的脉动情况无法比较。

输出电阻 r_0 定义为当输入交流电压 U_2 保持不变,由于负载变化而引起的输出电压的变

化ΔU_L之比,即

$$r_o = \frac{\Delta U_L}{\Delta I_L}\Big|_{\Delta u_2=0}$$

3. 直流稳压电源

按图 2-11-6 接好线路,保持 U_2 不变,改变负载电阻 R_L,测相应的 U_L,并算出 I_L,观察 U_L 的波形,将数据记入表 2-11-2 中。

注意:稳压块 1、3 两端不得接反。

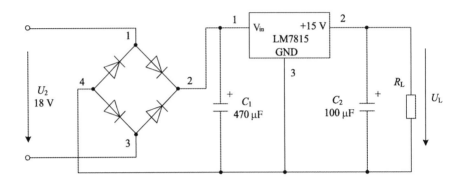

图 2-11-6　直流稳压电源电路图

4. 三端可调直流稳压电源

按图 2-11-2 接好线路,保持 U_i 不变,改变负载电阻 R_L,测相应的 U_L 及 I_L,观察 U_L 波形,并将数据记入表 2-11-3 中。

注意:LM317T 的 2、3 端不要接反。

表 2-11-1　单相整流电路测量数据

电路形式		测试结果				计算值 $\gamma = \dfrac{\tilde{U}_L}{U_L}$
		$U_2(\text{V})$	$U_L(\text{V})$	$\tilde{U}_L(\text{V})$	U_L波形	
单相半波整流电路	不接滤波电容					
单相半波整流电路	接滤波电容为 100 μF					
	接滤波电容为 470 μF					

（续表）

电路形式		测试结果				计算值 $\gamma = \dfrac{\widetilde{U}_L}{U_L}$
		$U_2(V)$	$U_L(V)$	$\widetilde{U}_L(V)$	U_L波形	
单相半波整流电路	接CRC滤波电路					
单相桥式全波整流电路	不接滤波电容					
单相桥式全波整流电路	接滤波电容为 $100\ \mu F$					
	接滤波电容为 $470\ \mu F$					
单相桥式全波整流电路	接CRC滤波电路					

表 2-11-2 直流稳压电源测量数据

负 载	测 试 结 果			计算值
	$U_L(V)$	$I_L(mA) = \dfrac{U_L}{R_L}$	U_L波形	$\gamma_0 = \Delta U_L / \Delta I_L(\Omega)$
空 载				
240 Ω				
120 Ω				

表 2-11-3 三端可调直流稳压电源测量数据

负 载	测 试 结 果			计算值
	$U_L(V)$	$I_L(mA) = \dfrac{U_L}{R_L}$	U_L波形	$\gamma_0 = \Delta U_L / \Delta I_L(\Omega)$
空 载				
240 Ω				
120 Ω				

5. 集成稳压器的功能扩展

（1）提高输出电压

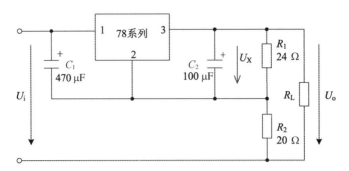

图 2-11-7　78××正集成稳压器组成的提高输出电压的应用电路

如图 2-11-7 所示为由 78×× 正集成稳压器组成的提高输出电压的应用电路。图示电路中在输出端外接两只电阻 R_1 和 R_2，它们可以决定新的输出电压值。R_1 上承受稳压器的标称输出电压为 $U_{××}$，流过的电流为 $U_{××}/R$，该电流与稳压器的静态工作电流 I_2，一起流过 R_2，因此，输出电压

$$U = U_{××}\left(1 + \frac{R_2}{R_1}\right) + I_Q R_2$$

式中，$U_{××}$ 为三端固定输出稳压器的标称电压，I_Q 为稳压器静态工作电流，一般小于 10 mA。

一般流过 R_1 的电流大于 $5I_Q$，当 $I_{R_1} > I_Q$，即 R_1 值及 R_2 值较小时，可以忽略 $I_Q R_2$，这时的输出电压

$$U_o = U_{××}\left(1 + \frac{R_2}{R_1}\right)$$

由上式可见，选择合适的 R_1 和 R_2，即可得到高于集成稳压器标称值的电压。

按图 2-11-7 接线，完成表 2-11-4 中列出的各项参数值的测量。

表 2-11-4　提高输出电压电路的测量数据

负　　载	测　试　结　果				计算值
	U_1	$U_{××}$	U_L	I_L	$\gamma_0 = \Delta U_L / \Delta I_L$
空　　载					
240 Ω					
120 Ω					

（2）恒流电路

图 2-11-8 是用三端固定输出集成稳压器组成的恒流源应用电路。图中集成稳压器工作在悬浮状态。在其输出端和公共端之间接入一个电阻 R_1，形成一个固定电流。此电流流过负载电阻 R_L，调节 R_1 的大小，可以改变恒流源的电流值（当然电流值不能超过该稳压器的最大输出电流）。输出电流符合下式：

$$I_L = \frac{U_{××}}{R_1} + I_Q$$

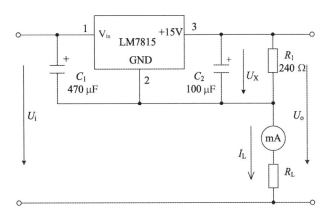

图2-11-8 三端固定输出集成稳压器组成的恒流源应用电路

式中, I_Q 为稳压器的静态电流; 一般 $I_Q < 10$ mA; $U_{\times\times}$ 为稳压器的标称输出电压。

当 R_1 较小, 即输出电流较大时, 可以忽略 I_Q。 I_L 不能太小, 否则 I_Q 的变化将影响 I_o 恒流的精度。当负载 R_L 变化时, 稳压器用改变自身压差来维持通过负载的电流不变。按图2-11-8接线, 完成表2-11-5中列出的各项参数值的测量。

表 2-11-5 恒流输出特性

负　载	测　试　结　果				恒流情况
	U_1	$U_{\times\times}$	U_0	I_L	ΔI_L
$R_L = 0$					
$R_L = 10\ \Omega$					
$R_L = 20\ \Omega$					

6. 按实验(二)所示电路(图2-11-3)重新测量

(1) 稳压器的测试

测试内容:

① 稳定输出电压: ＿＿＿＿＿＿＿＿＿＿＿。

② 电压调整率: 输入电压变化 ΔU_i 时引起输出电压的相对变化

$$S_V = \frac{\Delta U_o / U_o}{\Delta U_i} \times 100\% (\%/\text{V})$$

$$(\Delta I_o = 0, \ \Delta T = 0)$$

③ 电流调整率: 负载电流从零变到最大额定输出时, 输出电压的相对变化

$$S_I = \frac{\Delta U_o}{\Delta U_i} \times 100\% (\%/\text{V}) (\Delta T = 0, \ \Delta U_i = 0)$$

④ 纹波电压(有效值或峰值): ＿＿＿＿＿＿＿＿＿＿。

(2) 稳压器性能测试

实验电路仍用图2-11-3所示电路, 测试直流稳压电源性能。

① 保持稳定输出电压的最小输入电压。

② 输出电流最大值及过流保护性能。(注意:此时负载电阻功率较大,负载电阻可使用滑线电阻器)

(3) 三端稳压器灵活应用(选做)

① 改变输出电压

实验电路如图 2-11-9、2-11-10 所示。按图接线,测量上述电路输出电压及变化范围。

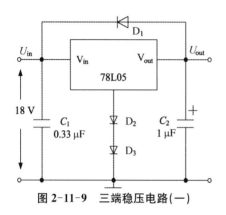

图 2-11-9 三端稳压电路(一)

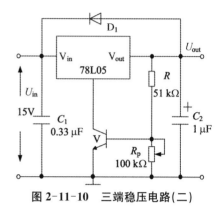

图 2-11-10 三端稳压电路(二)

② 组成恒流源

实验电路如图 2-11-11 所示。按图接线,并测试电路的恒流作用。

③ 可调稳压器

实验电路如图 2-11-12 所示。LM317L 最大输入电压为 40 V,输出电压为 1.25～37 V,可调最大输出电流为 100 mA(允许极限电流为 1.5A)(本实验只加 15 V 输入电压)。按图接线,并测试:

a. 电压输出范围。

b. 按前面"(1)稳压器的测试"中的内容测试各项指标。测试时将输出电压调到最高输出电压。

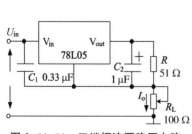

图 2-11-11 三端恒流源稳压电路

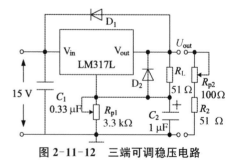

图 2-11-12 三端可调稳压电路

六、实验报告

1. 整理实验数据,并分析讨论。

2. 分析实验中出现的异常现象。

实验十二　有源滤波电路

一、实验目的

学习有源滤波电路的设计与调试方法。

二、实验设备及所用组件箱

名　　称	数　　量	备　　注
模拟(综合)电子技术实验	1	
双踪示波器	1	
数字式万用表	1	
函数信号发生器	1	

三、实验内容

1. 低通滤波器

实验电路如图 2-12-1 所示。其中:反馈电阻 R_{P1} 选用 22 kΩ 电位器,5.7 kΩ 为设定值。按表 2-12-1 内容测量并记录。

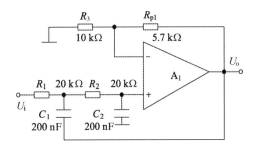

图 2-12-1　低通滤波器

表 2-12-1　低通滤波器测量参数

U_i(V)	1	1	1	1	1	1	1	1	1	1
f(Hz)	5	10	15	30	60	100	150	200	300	400
U_o(V)										

2. 高通滤波器

实验电路如图 2-12-2 所示,按表 2-12-2 内容测量并记录。

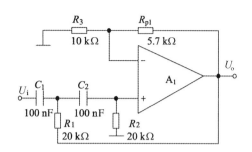

图 2-12-2　高通滤波器

表 2-12-2　高通滤波器测量参数

U_i(V)	1	1	1	1	1	1	1	1	1
f(Hz)	10	16	50	100	130	160	200	300	400
U_o(V)									

3．带阻滤波器

实验电路如图 2-12-3 所示。

（1）实测电路中心频率。

（2）以实测中心频率为中心，测出电路幅频
特性。

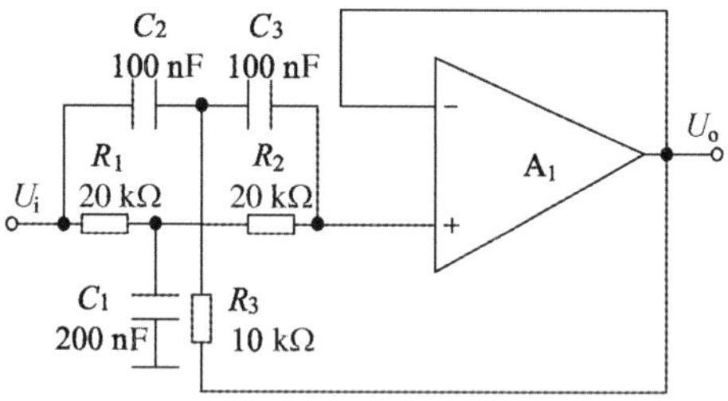

四、实验报告

1．整理实验数据，画出各电路曲线，并与计
算值对比分析误差。

2．如何组成带通滤波器？试设计一个中心频率为 300 Hz 的带通滤波器。

图 2-12-3　带阻滤波器

第三部分　数字电子技术实验

实验一　门电路逻辑功能测试

一、实验目的

1. 学习测试"与非"门电路的逻辑功能。
2. 了解"与非"门组成的其他逻辑门。

二、实验原理

"与非"门是门电路中应用较多的一种,它的逻辑功能是:全"1"出"0",有"0"出"1"。即只有当全部输入端都接高电平"1"时,输出端才输出低电平"0",否则,输出端为高电平"1"。图 3-1-1 是一个具有两个输入端的"与非"门逻辑图。

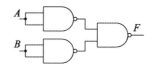

图 3-1-1　与非门逻辑图　　图 3-1-2　与非门组成的或门

"与非"门可以组成其他基本逻辑电路。图 3-1-2 是由三个"与非"门组成的"或"门电路,它的逻辑表达式为 $F = A + B$。

图 3-1-3 是由四个"与非"门组成的"异或"门电路,它的逻辑表达式为

$$F = A \oplus B = A\overline{B} + \overline{A}B$$

本实验使用的集成"与非"门的型号为 74LS00,它包含四个"与非"门,每个"与非"门有两个输入端,其外引线及内部示意图如图 3-1-4 所示。V_{CC} 为 +5 V。

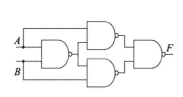

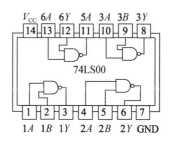

图 3-1-3　与非门组成的异或门　　图 3-1-4　74LS00 引脚图

三、实验设备及所选用组件箱

名　　称	数　量	设备编号
数字(模数综合)电子技术实验箱	1	
集成电路与非门 74LS00	1	
双踪示波器	1	

四、实验内容及步骤

1. 测试与非门的逻辑功能

将与非门的输出端接电平指示(LED),输入端接数据开关;接通与非门的＋5 V电源。改变数据开关的状态,观察输出电平指示,判断结果是否符合与非门的逻辑功能。逐一测试74LS00中四个与非门,这种方法是判断与非门好坏的一种简便方法。

2. 或门的逻辑功能

按图3-1-2接线,用三个与非门组成了或门电路,同样将或门的两个输入端接至数据开关,改变两输入端的电平,看输入与输出之间是否符合"或"逻辑,并将数据记入表3-1-1中。

3. 异或门的逻辑功能

按图3-1-3接线,四个与非门组成了异或门,将它的两个输入端A、B接至数据开关,改变两输入端电平,测输出电平的变化规律,并将数据记入表3-1-1中。

4. 在一个输入端接频率为1 kHz,幅值为4 V的方波信号,另一个输入端接"1"或接"0"时,测输出端F的波形,并将数据记入表3-1-1中。

表3-1-1　与非门、或门和异或门的输入与输出

输入	A	0	0	1	1	0	1
	B	0	1	0	1	方波	方波
输出	F_1(与非门输出)						
	F_2(或门输出)						
	F_3(异或门输出)						

五、预习要求

1. 根据74LS00二输入四与非门管脚排列,画出实际实验电路。

2. TTL与非门的输出高低电平,一般在什么范围? 什么是开门电平和关门电平,一般为何值?

3. 如何根据与非门的逻辑功能及其范围值用万用表检查与非门?

4. 与非门中多余的输入端应做如何处理?

六、实验报告

1. 画出实验电路图,整理实验数据及描绘波形。
2. 总结与非门、或门和异或门的逻辑功能。
3. 对实验所观察到的波形进行分析。

实验二　编码器及其应用

一、实验目的

1. 掌握编码器的逻辑功能及测试方法。
2. 用 74LS148 构成 16-4 线优先编码器。

二、实验原理

赋予若干位二进制码以特定含义称为编码,能实现编码功能的逻辑电路称为编码器。

优先编码器 74LS148 是 8 线输入 3 线输出的二进制编码器,其作用是将输入 $\bar{I}_0 \sim \bar{I}_7$(引脚 0~7)8 个状态分别编成 8 个二进制码输出。其功能表如表 3-2-1 所示。由表可以看出 74LS148 的输入为低电平有效。优先级别从 $\bar{I}_7$ 至 $\bar{I}_0$ 递降。另外它有输入使能 $\overline{ST}$(EI),输出使能 $\overline{Y}_{EX}$(GS)和 $\bar{Y}_S$(EO):

表 3-2-1　8-3 线优先编码器 74LS148 功能表

输　　入									输　　出				
$\overline{ST}$	$\bar{I}_0$	$\bar{I}_1$	$\bar{I}_2$	$\bar{I}_3$	$\bar{I}_4$	$\bar{I}_5$	$\bar{I}_6$	$\bar{I}_7$	$\overline{Y}_2$	$\overline{Y}_1$	$\overline{Y}_0$	$\overline{Y}_{EX}$	$\overline{Y}_S$
1	×	×	×	×	×	×	×	×	1	1	1	1	1
0	1	1	1	1	1	1	1	1	1	1	1	1	0
0	0	1	1	1	1	1	1	1	1	1	1	0	1
0	×	0	1	1	1	1	1	1	1	1	0	0	1
0	×	×	0	1	1	1	1	1	1	0	1	0	1
0	×	×	×	0	1	1	1	1	1	0	0	0	1
0	×	×	×	×	0	1	1	1	0	1	1	0	1
0	×	×	×	×	×	0	1	1	0	1	0	0	1
0	×	×	×	×	×	×	0	1	0	0	1	0	1
0	×	×	×	×	×	×	×	0	0	0	0	0	1

(1) $\overline{ST}=0$ 允许编码,$\overline{ST}=1$ 禁止编码,输出 $\overline{Y}_2\overline{Y}_1\overline{Y}_0=111$。

(2) $\bar{Y}_S$ 主要用于多个编码器电路的级联控制,即 $\bar{Y}_S$ 总是接在优先级别低的相邻编码器的 $\overline{ST}$ 端,当优先级别高的编码器允许编码,而无输入申请时,$\bar{Y}_S=0$,从而允许优先级别低的相邻编码器工作,反之若优先级别高的编码器有编码时,$\bar{Y}_S=1$,禁止相邻级别低的编码器工作。

(3) $\overline{Y}_{EX}=0$ 表示 $\overline{Y}_2\overline{Y}_1\overline{Y}_0$ 是编码输出,$\overline{Y}_{EX}=1$ 表示 $\overline{Y}_2\overline{Y}_1\overline{Y}_0$ 不是编码输出,$\overline{Y}_{EX}$ 为输出

标志位。单片74LS148组成8-3线二进制输出的编码器,其输出为8421BCD码。74LS148的引脚图如图3-2-1所示。

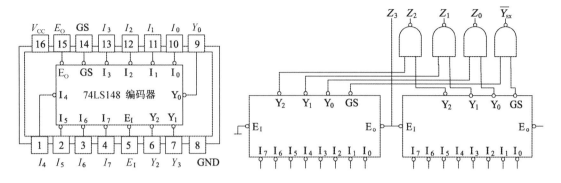

图 3-2-1　74LS148 引脚图　　　图 3-2-2　用 2 片 148 级联成 16-4 线编码器

2 片74LS148附加门电路构成16-4线的优先编码器,即将 $\overline{A}_0 \sim \overline{A}_{15}$ 分别编成 $0000 \sim 1111$ 这4位二进制码输出,其中 $\overline{A}_{15}$ 优先级别最高, $\overline{A}_0$ 优先级别最低。

4位二进制码输出用 $Z_3 Z_2 Z_1 Z_0$ 表示,若列出2片74LS148工作情况的状态表则会发现 Z_2 、 Z_1 、 Z_0 分别是2片74LS148对应输出编码之反码的逻辑加,而 Z_3 状态和优先级别高的74LS148输出使能 $\overline{Y}_S$ 相同,表达式如下所示,电路图如图3-2-2所示。

$$Z_0 = \overline{\overline{Y}_{01}} + \overline{\overline{Y}_{02}} = \overline{\overline{Y}_{01} \, \overline{Y}_{02}} \qquad Z_1 = \overline{\overline{Y}_{11}} + \overline{\overline{Y}_{12}} = \overline{\overline{Y}_{11} \, \overline{Y}_{12}}$$

$$Z_2 = \overline{\overline{Y}_{21}} + \overline{\overline{Y}_{22}} = \overline{\overline{Y}_{21} \, \overline{Y}_{22}} \qquad Z_3 = \overline{\overline{Y}_{S3}}$$

其中, $Z_0 \sim Z_3$ 以及 Y_{EX} 5个电平输出端可接实验箱上的电平指示单元,而 $\overline{A}_0 \sim \overline{A}_{15}$ 16个电平输入端可接实验箱上的数据开关。

三、实验设备及所选用组件箱

名　　　称	数　量	设备编号
数字(模数综合)电子技术实验箱	1	
双踪示波器	1	
74LS148×2,74LS00×1		

四、实验内容及步骤

1. 测试 8-3 线优先编码器 74LS148 的逻辑功能

数据输入端 $\overline{I}_0 \sim \overline{I}_7$ 、使能输入端 $\overline{ST}$ 分别接数据开关;编码输出端 $\overline{Y}_2 \, \overline{Y}_1 \, \overline{Y}_0$ 、扩展输出端 $\overline{Y}_{EX}$ 、使能输出端 $\overline{Y}_S$ 分别接电平指示器。将实验数据填入表3-2-2中。

表 3-2-2 74LS148 测试

输　　入									输　　出				
$\overline{ST}$	$\overline{I_0}$	$\overline{I_1}$	$\overline{I_2}$	$\overline{I_3}$	$\overline{I_4}$	$\overline{I_5}$	$\overline{I_6}$	$\overline{I_7}$	$\overline{Y_2}$	$\overline{Y_1}$	$\overline{Y_0}$	$\overline{Y_{EX}}$	$\overline{Y_S}$
1	×	×	×	×	×	×	×	×					
0	1	1	1	1	1	1	1	1					
0	0	1	1	1	1	1	1	1					
0	×	0	1	1	1	1	1	1					
0	×	×	0	1	1	1	1	1					
0	×	×	×	0	1	1	1	1					
0	×	×	×	×	0	1	1	1					
0	×	×	×	×	×	0	1	1					
0	×	×	×	×	×	×	0	1					
0	×	×	×	×	×	×	×	0					

2. 用两片 8-3 线优先编码器扩展成 16-4 线优先编码器

参考电路如图 3-2-2 所示,分析 16-4 线优先编码器的工作原理,并自制表格,根据实验结果填入 16-4 线优先编码器的功能表(将表 3-2-2 扩展)。

3. 设计一个 8 路抢答器。(选做)

要求:

(1) 设计一个智力竞赛抢答器,可同时供 8 名选手或 8 个代表队参加比赛,他们的编号分别是 0、1、2、3、4、5、6、7,各用一个抢答按钮,按钮的编号与选手的编号相对应,分别是 S0、S1、S2、S3、S4、S5、S6、S7。

(2) 给节目主持人设置一个控制开关,用来控制系统的清零(编号显示数码管灭灯)和抢答的开始。

(3) 抢答器具有数据锁存和显示功能。抢答开始后,若有选手按动抢答按钮,编号立即锁存,并在 LED 数码管上显示出选手的编号,同时扬声器给出音响提示。此外,要封锁输入电路,禁止其他选手抢答。优先抢答选手的编号一直保持到主持人将系统清零为止。

(4) 设计电路,在实验箱上搭建电路实现设计功能。

五、预习要求

1. 预习编码器的原理。
2. 熟悉所用集成电路的引脚功能。

六、实验报告

1. 画出实验电路图,整理实验结果。
2. 总结编码器的功能。

实验三 译码器及其应用

一、实验目的

1. 掌握译码器的逻辑功能及测试方法。
2. 掌握 74LS138 译码器的应用。

二、实验原理

通用译码器又称为二进制译码器,它的输入是一组二进制代码(又称地址码),输出则是一组高、低电平信号。74LS138 的功能表如表 3-3-1 所示。值得指出的是该译码器有 3 个输入使能端 $\overline{E}_1$、$\overline{E}_2$、E_3,只有 $E_3 = 1$ 且 $\overline{E}_1 = \overline{E}_2 = 0$ 时才允许译码,3 个条件中有一个不满足就禁止译码,设置多个使能端的目的在于灵活应用、组成各种电路。功能表达式:当 $E_3 = 1$ 且 $\overline{E}_1 = \overline{E}_2 = 0$ 时,$\overline{Y}_i = \overline{m}_i$。74LS138 的功能引脚如图 3-3-1 所示。

表 3-3-1 74LS138 译码器的功能表

输 入						输 出							
E_3	$\overline{E}_2$	$\overline{E}_1$	A_2	A_1	A_0	$\overline{Y}_0$	$\overline{Y}_1$	$\overline{Y}_2$	$\overline{Y}_3$	$\overline{Y}_4$	$\overline{Y}_5$	$\overline{Y}_6$	$\overline{Y}_7$
0	$\times$	$\times$	$\times$	$\times$	$\times$	1	1	1	1	1	1	1	1
$\times$	1	$\times$
$\times$	$\times$	1
1	0	0	0	0	0	0	1	1	1	1	1	1	1
1	0	0	0	0	1	1	0	1	1	1	1	1	1
1	0	0	0	1	0	1	1	0	1	1	1	1	1
1	0	0	0	1	1	1	1	1	0	1	1	1	1
1	0	0	1	0	0	1	1	1	1	0	1	1	1
1	0	0	1	0	1	1	1	1	1	1	0	1	1
1	0	0	1	1	0	1	1	1	1	1	1	0	1
1	0	0	1	1	1	1	1	1	1	1	1	1	0

图 3-3-1 74LS138 引脚图

三、实验设备及所选用组件箱

名　　称	数　量	设备编号
数字(模数综合)电子技术实验箱	1	
数字式万用表	1	
74LS138×2，74LS08、7400		

四、实验内容及步骤

1. 测试译码器 74LS138 的逻辑功能

地址端、使能端接逻辑开关,输出端接电平指示器。将测得的实验数据填入表 3-3-2。

表 3-3-2 74LS138 逻辑功能测试

输　　　　入						输　　　　　　　出							
E_3	$\overline{E}_1$	$\overline{E}_1$	A_2	A_1	A_0	$\overline{Y}_0$	$\overline{Y}_1$	$\overline{Y}_2$	$\overline{Y}_3$	$\overline{Y}_4$	$\overline{Y}_5$	$\overline{Y}_6$	$\overline{Y}_7$
0	×	×	×	×	×								
×	1	×											
×	×	1											
1	0	0	0	0	0								
1	0	0	0	0	1								
1	0	0	0	1	0								
1	0	0	0	1	1								
1	0	0	1	0	0								
1	0	0	1	0	1								
1	0	0	1	1	0								
1	0	0	1	1	1								

2. 用 74LS138 设计并实现下列电路。

（1）设计全加器

全加器和数 S_n 及向高位进位数 C_n 的逻辑方程为：

$$S_n = A\overline{B}\,\overline{C}_{n-1} + \overline{A}\,\overline{B}C_{n-1} + \overline{A}B\overline{C}_{n-1} + ABC_{n-1}$$

$$C_n = \overline{A}BC_{n-1} + A\overline{B}C_{n-1} + AB\overline{C}_{n-1} + ABC_{n-1}$$

图 3-3-2 为用 74LS138 实现全加器的电路图，按图连接实验电路，测试全加器的逻辑功能，并将实验数据记入表 3-3-3 中。

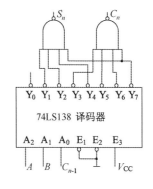

图 3-3-2　用 74LS138 实现全加器

表 3-3-3　用 74LS138 实现全加器

输　入						输　出	
E_3	$\overline{E}_2$	$\overline{E}_1$	A	B	C_{n-1}	S_n	C_n
1	0	0	0	0	0		
1	0	0	0	0	1		
1	0	0	0	1	0		
1	0	0	0	1	1		
1	0	0	1	0	0		
1	0	0	1	0	1		
1	0	0	1	1	0		
1	0	0	1	1	1		

（2）设计电路实现逻辑函数 $F = \overline{A}C + \overline{B} + A\overline{C}$

设计电路实现逻辑函数，写出完整的设计过程，画出设计电路图，设计实验数据记录表格并将数据记入表格中（参考表 3-3-3）。

（3）设计三人表决电路

设计三人表决电路，写出完整的设计过程，画出设计电路图，设计实验数据记录表格并将数据记入表格中（参考表 3-3-3）。

（4）设计 4-16 线译码电路（选做）

设计 4-16 线译码电路，写出完整的设计过程，画出设计电路图（参考电路图 3-3-3），设计实验数据记录表格并将数据记入表格中（参考表 3-3-2）。

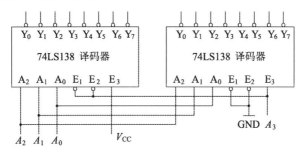

图 3-3-3　用 2 片 74LS138 级联成 4-16 线译码器

五、预习要求

1. 复习译码器有关内容。

2. 设计用 3-8 译码器实现三人表决电路。写出完整的设计过程,画出设计电路图。

3. 设计用 3-8 译码器实现逻辑函数 $F = \overline{A}C + \overline{B} + A\overline{C}$。写出完整的设计过程,画出设计电路图。

4. 设计 4-16 线译码电路。

六、实验报告

1. 写出完整的设计过程,画出设计电路图,整理实验数据。

2. 总结 74LS138 译码器的逻辑功能及设计组合电路的方法。

实验四　数据选择器及其应用

一、实验目的

1. 熟悉中规模集成数据选择器的逻辑功能及测试方法。
2. 学习用集成数据选择器进行逻辑设计。

二、实验原理

数据选择器是常用的组合逻辑部件之一。它有若干个数据输入端 D_0、D_1、$\cdots$,若干个控制输入端 A_0、A_1、$\cdots$ 和一个输出端 Y。在控制输入端加上适当的信号,即可从多个输入数据源中将所需的数据信号选择出来,送到输出端。

中规模集成芯片 74LS153 为双四选一数据选择器,引脚排列如图 3-4-1 所示,其中 D_0、D_1、D_2、D_3 为四个数据输入端,Y 为输出端,A_1、A_0 为控制输入端(或称地址端)同时控制两个四选一数据选择器的工作,$\overline{G}$ 为工作状态选择端(或称使能端)。74LS153 的逻辑功能如表 3-4-1 所示,当 $1\overline{G}(=2\overline{G})=1$ 时电路不工作,此时无论 A_1、A_0 处于什么状态,输出 Y 总为零,即禁止所有数据输出;当 $1\overline{G}(=2\overline{G})=0$ 时,电路正常工作,被选择的数据送到输出端,如 $A_1A_0=01$,则选中数据 D_1 输出。

当 $\overline{G}=0$ 时,74LS153 的逻辑表达式为

$$Y = \overline{A}_1\,\overline{A}_0 D_0 + \overline{A}_1 A_0 D_1 + A_1\,\overline{A}_0 D_2 + A_0 A_1 D_3$$

中规模集成芯片 74LS151 为八选一数据选择器,引脚排列如图 3-4-2 所示。其中 $D_0 \sim D_7$ 为数据输入端,$Y(\overline{Y})$ 为输出端,A_2、A_1、A_0 为地址端,74LS151 的逻辑功能如表 3-4-2 所示。逻辑表达式为

$$Y = \overline{A}_2\,\overline{A}_1\,\overline{A}_0 D_0 + \overline{A}_2\,\overline{A}_1\,A_0 D_1 + \overline{A}_2\,A_1\,\overline{A}_0 D_2 + \overline{A}_2\,A_1\,A_0 D_3 + A_2\,\overline{A}_1\,\overline{A}_0 D_4$$
$$+ A_2\,\overline{A}_1\,A_0 D_5 + A_2\,A_1\,\overline{A}_0 D_6 + A_2\,A_1\,A_0 D_7$$

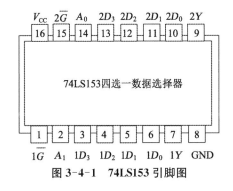

图 3-4-1　74LS153 引脚图

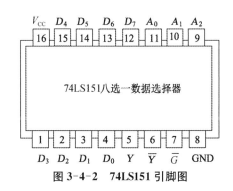

图 3-4-2　74LS151 引脚图

表 3-4-1　74LS153 功能表

输　入			输　出
$\overline{G}$	A_1	A_0	Y
1	×	×	0
0	0	0	D_0
0	0	1	D_1
0	1	0	D_2
0	1	1	D_3

　　数据选择器是一种通用性很强的中规模集成电路,除了能传递数据外,还可用它设计成数码比较器,变并行码为串行及组成函数发生器。本实验内容为用数据选择器设计函数发生器。

　　用数据选择器可以产生任意组合的逻辑函数,因而用数据选择器构成函数发生器方法简便,线路简单。对于任何给定的三输入变量逻辑函数均可用四选一数据选择器来实现,同时对于四输入变量逻辑函数可以用八选一数据选择器来实现。应当指出,数据选择器实现逻辑函数时,要求逻辑函数式变换成最小项表达式,因此,对函数化简是没有意义的。

表 3-4-2　74LS151 功能表

输　入				输　出	
$\overline{G}$	A_2	A_1	A_0	Y	$\overline{Y}$
1	×	×	×	0	1
0	0	0	0	D_0	$\overline{D_0}$
0	0	0	1	D_1	$\overline{D_1}$
0	0	1	0	D_2	$\overline{D_2}$
0	0	1	1	D_3	$\overline{D_3}$
0	1	0	0	D_4	$\overline{D_4}$
0	1	0	1	D_5	$\overline{D_5}$
0	1	1	0	D_6	$\overline{D_6}$
0	1	1	1	D_7	$\overline{D_7}$

　　例:用八选一数据选择器实现逻辑函数 $F = AB + BC + CA$

　　写出 F 的最小项表达式:

$$F = AB + BC + CA = \overline{A}BC + A\overline{B}C + AB\overline{C} + ABC$$

　　先将函数 F 的输入变量 A、B、C 加到八选一的地址端 A_2、A_1、A_0,再将上述最小项表达式与八选一逻辑表达式进行比较(或用两者卡诺图进行比较),不难得出:

$$D_0 = D_1 = D_2 = D_4 = 0$$
$$D_3 = D_5 = D_6 = D_7 = 1$$

图 3-4-3 为八选一数据选择器实现 $F = AB + BC + CA$ 的逻辑图。

如果用四选一数据选择器实现上述逻辑函数,由于选择器只有两个地址端 A_1、A_0,而函数 F 有三个输入变量,此时可把变量 A、B、C 分成两组,任选其中两个变量(如 A、B)作为一组加到选择器的地址端,余下的一个变量(如 C)作为另一组加到选择器的数据输入端,并按逻辑函数式的要求求出加到每个数据输入端 $D_0 \sim D_7$ 的 C 的值。选择器输出 Y 便可实现逻辑函数 F。

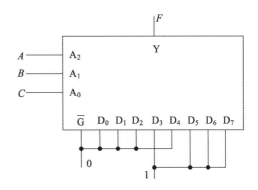

图 3-4-3　逻辑函数的实现

当函数 F 的输入变量小于数据选择器的地址端时,应将不用的地址端及不用的数据输入端都做接地处理。

三、实验设备及所选用组件箱

名　　称	数　量	备　注
数字(模数综合)电子技术实验箱	1	
数字式万用表	1	
74LS153,74LS151,74LS04	各 1	

四、实验内容及步骤

1. 测试 74LS153 双四选一数据选择器的逻辑功能

地址端、数据输入端、使能端接逻辑开关,输出端接电平指示器。记录数据填入表 3-4-3 中。

表 3-4-3　74LS153 功能表

输　　　　入				输　　出
$\overline{G}$	A_1	A_0	D_i	Y
1	×	×	—	
0	0	0	$D_0 =$	
0	0	1	$D_1 =$	
0	1	0	$D_2 =$	
0	1	1	$D_3 =$	

2. 测试 74LS151 八选一数据选择器的逻辑功能

将记录数据填入表 3-4-4 中。

表 3-4-4　74LS151 功能表

输　入					输　出
$\overline{G}$	A_2	A_1	A_0	D_i	Y
1	×	×	×	×	
0	0	0	0	$D_0=$	
0	0	0	1	$D_1=$	
0	0	1	0	$D_2=$	
0	0	1	1	$D_3=$	
0	1	0	0	$D_4=$	
0	1	0	1	$D_5=$	
0	1	1	0	$D_6=$	
0	1	1	1	$D_7=$	

3. 用 74LS151 设计并实现下列电路

（1）构成全加器

全加器和数 S 及向高位进位数 C_n 的逻辑方程为

$$S_n = \overline{A}\,\overline{B}C_{n-1} + A\,\overline{B}\,\overline{C}_{n-1} + \overline{A}B\,\overline{C}_{n-1} + ABC_{n-1}$$

$$C_n = \overline{A}BC_{n-1} + A\,\overline{B}C_{n-1} + AB\,\overline{C}_{n-1} + ABC_{n-1}$$

设计电路实现全加器逻辑功能,写出完整的设计过程,画出设计电路图,测试全加器的逻辑功能,记入表 3-4-5 中。

表 3-4-5　74LS151 构成全加器

输　入				输　出	
$\overline{G}$	A	B	C_{n-1}	S_n	C_n
1	×	×	×		
0	0	0	0		
0	0	0	1		
0	0	1	0		
0	0	1	1		
0	1	0	0		
0	1	0	1		
0	1	1	0		
0	1	1	1		

（2）设计电路实现逻辑函数 $F = \overline{A}C + A\,\overline{B} + A\,\overline{C}$

设计电路实现逻辑函数,写出完整的设计过程,画出设计电路图,设计实验数据记录表格并将数据记入表格中(参考表 3-4-5)。

(3) 设计三人表决电路

设计三人表决电路,写出完整的设计过程,画出设计电路图,设计实验数据记录表格并将数据记入表格中(参考表 3-4-5)。

4. 用 74LS153 设计并实现下列电路(选做)

(1) 构成全加器

全加器和数 S_n 及向高位进位数 C_n 的逻辑方程为

$$S_n = \overline{A}\,\overline{B}C_{n-1} + A\,\overline{B}\,\overline{C}_{n-1} + \overline{A}B\,\overline{C}_{n-1} + ABC_{n-1}$$

$$C_n = \overline{A}BC_{n-1} + A\,\overline{B}C_{n-1} + AB\,\overline{C}_{n-1} + ABC_{n-1}$$

设计电路实现全加器逻辑功能,写出完整的设计过程,画出设计电路图,测试全加器的逻辑功能,并将数据记入表 3-4-6 中。

表 3-4-6　74LS153 构成全加器功能表

输　　入				输　　出	
$\overline{G}$	A	B	C_{n-1}	S_n	C_n
1	×	×	×		
0	0	0	0		
0	0	0	1		
0	0	1	0		
0	0	1	1		
0	1	0	0		
0	1	0	1		
0	1	1	0		
0	1	1	1		

(2) 设计电路实现逻辑函数 $F = \overline{A}C + A\overline{B} + A\overline{C}$

设计电路实现逻辑函数,写出完整的设计过程,画出设计电路图,设计实验数据记录表格并将数据记入表格中(参考表 3-4-6)。

(3) 设计三人表决电路

设计三人表决电路,写出完整的设计过程,画出设计电路图,设计实验数据记录表格并将数据记入表格中(参考表 3-4-6)。

5. 用四选一数据选择器构成十六选一电路(选做)

设计电路实现逻辑函数,写出完整的设计过程,画出设计电路图,设计实验数据记录表格并将数据记入表格中(参考表 3-4-6)。

五、预习要求

1. 复习数据选择器有关内容。

2. 设计用八选一数据选择器实现"全加器""逻辑函数"和"三人表决"电路。画出接线图。

3. 怎样用四选一数据选择器构成十六选一电路。

六、实验报告

1. 画出实验电路图,整理实验结果。

2. 总结用数据选择器构成全加器的优点,并与实验三、实验四进行比较。

实验五　加法器及其应用

一、实验目的

1. 掌握用 SSI 门实现一位加法器的方法。
2. 掌握中规模集成全加器 74283 的应用。

二、实验原理

加法器是一般组合逻辑电路,主要功能是实现二进制数的算术加法运算。

半加器完成两个一位二进制数相加,而不考虑由低位来的进位。半加器逻辑表达式为

$$S_n = A_n \overline{B_n} + \overline{A}_n B_n = A_n \oplus B_n$$
$$C_n = A_n B_n$$

逻辑符号如图 3-5-1 所示,A_n、B_n 为输入端,S_n 为本位数据输出端,C_n 为向高位进位输出端。图 3-5-2 为用与门和异或门实现半加器的逻辑电路图。

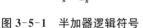

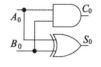

图 3-5-1　半加器逻辑符号　　　　图 3-5-2　半加器逻辑电路图

全加器则考虑由低位来的进位,其逻辑表达式为:

$$S_n = A_n \oplus B_n \oplus C_{n-1}$$
$$C_n = (A_n \oplus B_n) \cdot C_{n-1} + A_n \cdot B_n$$

逻辑符号如图 3-5-3 所示,它有三个输入端 A_n、B_n、C_{n-1},C_{n-1} 为低位来的进位输入端,两个输出端 S_n、C_n。实现全加器逻辑功能的方案有多种,图 3-5-4 为用与门、或门及异或门构成的全加器。

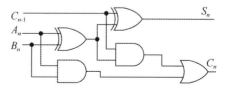

图 3-5-3　全加器逻辑符号　　　　图 3-5-4　全加器逻辑电路

中规模集成电路四位全加器 74283 的引脚排列如图 3-5-5 所示。

实现多位二进制数相加有多种形式的电路,其中比较简单的一种电路是采用逐位进位

的方式。如图 3-5-6 所示为三位串行加法电路，能进行两个三位二进制数 A_2、A_1、A_0 和 B_2、B_1、B_0 相加，最低位由于没有来自更低位的进位，故采用半加器。如果把全加器 C_{n-1} 端接地，即可作为半加器使用。作为一种练习，本实验采用异或门和与门作为半加器，并采用 74283 中的两位全加器分别作为三位加法器中的次高位和最高位。

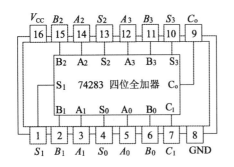

图 3-5-5　四位全加器 74283 引脚图

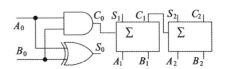

图 3-5-6　三位串行进位加法电路

本次实验采用的与门型号为 2 输入 4 与门 74LS08，异或门型号为 2 输入 4 异或门 74LS86，或门型号为 2 输入 4 或门 74LS32。

74LS86、74LS32 和 74LS08 的引脚排列相同，如图 3-5-7 所示。

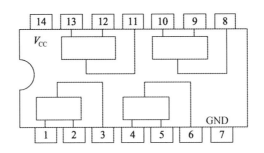

图 3-5-7　74LS86、74LS32 和 74LS08 的引脚图

三、实验设备及所选用组件箱

名　　称	数　量	备　注
数字(模数综合)电子技术实验箱	1	
数字式万用表	1	
74LS08，74LS32，74LS86，74283	各 1	

四、实验内容及步骤

1. 分别检查 74LS08、74LS32、74LS86 的逻辑功能，输入端接逻辑开关，输出端接电平指标器，测出相应的输出，并将数据记入表 3-5-1 中。

表 3-5-1 74LS08、74LS32、74LS86 逻辑功能

输入信号	0	0	0	1	1	0	1	1
74LS08 输出								
74LS32 输出								
74LS86 输出								

2. 用 74LS08 及 74LS86 构成一位半加器

按图 3-5-2 连接实验电路。改变输入端状态,测试半加器的逻辑功能。将输出的数据记入表 3-5-2 中。

表 3-5-2 半加器逻辑功能

输　入		输　出	
A_0	B_0	S_0	C_0
0	0		
0	1		
1	0		
1	1		

3. 用 74LS08、74LS86 及 74LS32 构成一位全加器

按图 3-5-4 连接实验电路。改变输入端状态,测试全加器的逻辑功能。将输出的数据记入表 3-5-3 中。

表 3-5-3 全加器逻辑功能

输　入			输　出	
A_n	B_n	C_{n-1}	S_n	C_n
0	0	0		
0	0	1		
0	1	0		
0	1	1		
1	0	0		
1	0	1		
1	1	0		
1	1	1		

4. 集成全加器 74283 的逻辑功能测试

输入端接逻辑开关、输出端接电平指示器,测量 74283 的逻辑功能。自己设计数据记录表格并记录数据。

5. 三位加法电路

参考图 3-5-8 构成三位加法电路。按表 3-5-4 改变加数和被加数,记录相加结果。

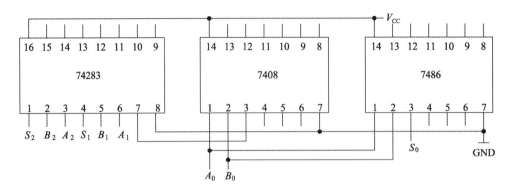

图 3-5-8　三位串行加法电路

表 3-5-4　三位串行加法电路实验结果

加　　　数			被　加　数			相　加　结　果		
A_2	A_1	A_0	B_2	B_1	B_0	S_2	S_1	S_0
0	1	1	0	1	0			
0	1	1	1	0	0			
1	0	1	1	1	0			
1	1	1	1	1	1			

五、预习思考

1. 复习有关加法器部分内容。

2. 能否用其他逻辑门实现半加器和全加器?

3. 本实验中的三位加法电路是如何实现三位二进制数相加的?

六、实验报告

1. 画出实验电路图,整理实验结果。

2. 总结半加器、全加器功能。

实验六　触发器及其应用

一、实验目的

1. 掌握基本 RS 触发器、JK 触发器、D 触发器和 T 触发器的逻辑功能。
2. 熟悉各触发器之间逻辑功能的相互转换方法。

二、实验原理

触发器是具有记忆功能的二进制信息存贮器件，是时序逻辑电路的基本单元之一。触发器按逻辑功能可分 RS、JK、D、T 触发器；按电路触发方式可分为主从型触发器和边沿型触发器两大类。

1. 基本 RS 触发器

如图 3-6-1 所示电路是由两个与非门交叉耦合而成的基本 RS 触发器，它是无时钟控制低电平直接触发的触发器，有直接置位、复位的功能，是组成各种功能触发器的最基本单元。基本 RS 触发器也可以用两个或非门组成，它是高电平直接触发的触发器。

图 3-6-1　用与非门构成的基本 RS 触发器

2. JK 触发器

从结构上可分为主从型 JK 触发器和边沿型 JK 触发器。在产品中应用较多的是下降沿触发的边沿型 JK 触发器。它有三种不同功能的输入端，第一种是直接置位、复位输入端，用 $\overline{R}$ 和 $\overline{S}$ 表示。在 $\overline{S}=0$，$\overline{R}=1$ 或 $\overline{R}=0$，$\overline{S}=1$ 时，触发器不受其他输入端状态影响，使触发器强迫置"1"（或置"0"），当不强迫置"1"（或置"0"）时，$\overline{S}$、$\overline{R}$ 都应置高电平。第二种是时钟脉冲输入端，用来控制触发器翻转（或称作状态更新），用 CP 表示（在国家标准符号中称作控制输入端，用 C 表示），逻辑符号中 CP 端处若有小圆圈，则表示触发器在时钟脉冲下降沿（或负边沿）发生翻转，若无小圆圈，则表示触发器在时钟脉冲上升沿（或正边沿）发生翻转。第三种是数据输入端，它是触发器状态更新的依据，用 J、K 表示。JK 触发器的状态方程为 $Q^{n+1} = J\overline{Q^n} + \overline{K}Q^n$。

本实验采用 74LS112 型双 JK 触发器，是下降沿触发的边沿触发器，引脚排列如图 3-6-2 所示。表 3-6-1 为其功能表。

3. D 触发器

D 触发器是另一种使用广泛的触发器，它的基本结构多为维阻型。D 触发器是在 CP 脉冲上升沿触发翻转，触发器的状态取决于 CP 脉冲到来之前 D 端的

图 3-6-2　74LS112 引脚图

状态,状态方程为:$Q^{n+1} = D$。

表 3-6-1　JK 触发器的功能表

$\overline{S}_D$	$\overline{R}_D$	$\overline{CP}$	J	K	Q^{n+1}
0	1	×	×	×	1
1	0	×	×	×	0
0	0	×	×	×	状态不确定
1	1	↓	0	0	Q^n
1	1	↓	0	1	0
1	1	↓	1	0	1
1	1	↓	1	1	$\overline{Q}^n$

表 3-6-2　D 触发器的功能表

$\overline{S}_D$	$\overline{R}_D$	CP	D	Q^{n+1}
0	1	×	×	1
1	0	×	×	0
0	0	×	×	状态不确定
1	1	↑	0	0
1	1	↑	1	1

　　本实验采用 74LS74 型双 D 触发器,是上升沿触发的边沿触发器,引脚排列如图3-6-3所示。表 3-6-2 为其功能表。

　　不同类型的触发器对时钟信号和数据信号的要求各不相同,一般说来,边沿触发器要求数据信号超前于触发边沿一段时间出现(称之为建立时间),并且要求在边沿到来后继续维持一段时间(称之为保持时间)。对于触发边沿陡度也有一定要求(通常要求<100 ns)。主从触发器对上述时间参数要求不高,但要求在 $CP = 1$ 期间,外加的数据信号不容许发生变化,否则将导致触发错误输出。

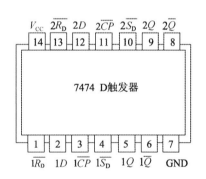

图 3-6-3　74LS74 的引脚图

　　4. T 触发器

　　在集成触发器的产品中,虽然每一种触发器都有固定的逻辑功能,但可以利用转换的方法得到其他功能的触发器。如果把 JK 触发器的 JK 端连在一起(称为 T 端)就构成 T 触发器,状态方程为 $Q^{n+1} = \overline{T}Q^n + T\overline{Q}^n$。

　　在 CP 脉冲作用下,当 $T = 0$ 时 $Q^{n+1} = Q^n$;当 $T = 1$ 时,$Q^{n+1} = \overline{Q}^n$。工作在 $T = 1$ 时的 T 触发器称为 T′触发器。T 和 T′触发器广泛应用于计算电路中。值得注意的是转换后的触发器其触发方式仍不变。

三、实验设备及所选用组件箱

名　　称	数　量	备　注
数字(模数综合)电子技术实验箱	1	
双踪示波器	1	
数字式万用表	1	
74LS112，74LS74，74LS00	各 1	

四、实验内容及步骤

1. 测试基本 RS 触发器的逻辑功能

按图 3-6-1 所示用与非门 74LS00 构成基本 RS 触发器。

输入端 $\overline{R}$、$\overline{S}$ 接逻辑开关，输出端 Q、$\overline{Q}$ 接电平指示器，按表 3-6-3 要求测试逻辑功能，并记录数据。

表 3-6-3　基本 RS 触发器的实验结果

$\overline{R}$	$\overline{S}$	Q^n	Q^{n+1}	$\overline{Q}^{n+1}$
1	1→0			
	0→1			
1→0	1			
0→1				
0	0			

2. 测试双 JK 触发器 74LS112 的逻辑功能

（1）测试 JK 触发器的逻辑功能

按表 3-6-4 的要求改变 J、K、CP 端状态，观察 Q、$\overline{Q}$ 的状态变化，观察触发器状态更新是否发生在 CP 脉冲的下降沿(即 CP 由 1→0)，并将数据记入表中。

表 3-6-4　JK 触发器的测试结果

J	K	CP	Q^{n+1}	
			$Q^n=0$	$Q^n=1$
0	0	0→1		
		1→0		
0	1	0→1		
		1→0		
1	0	0→1		
		1→0		
1	1	0→1		
		1→0		

表 3-6-5　T 触发器的测试结果

T	CP	Q^{n+1}	
		$Q^n=0$	$Q^n=1$
0	0→1		
	1→0		
1	0→1		
	1→0		

（2）测试 T 触发器的逻辑功能

将 JK 触发器的 J、K 端连在一起,构成 T 触发器。

在 CP 端接入 1 Hz 连续脉冲,用电平指示器观察 Q 端变化情况,并将结果填入表 3-6-5 中。

在 CP 端输入 1 kHz 连续脉冲,用双踪示波器观察 CP、Q、$\overline{Q}$ 的波形(注意相位和时间关系),并将波形描绘出来。

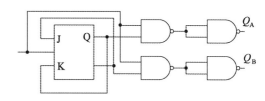

图 3-6-4　时钟转换电路

（3）用 JK 触发器将时钟脉冲转换成两个时钟脉冲。

实验电路如图 3-6-4。输入端 CP 接 1 Hz 脉冲源,输出端 Q_A、Q_B 接示波器,观察 CP、Q_A、Q_B 的波形,并将波形描绘出来。

3. 测试双 D 触发器 74LS74 的逻辑功能

（1）测试 D 触发器的逻辑功能

按表 3-6-6 要求进行测试,并观察触发器的状态更新是否发生在 CP 脉冲的上升沿(即由 0→1),并将数据记入表中。

（2）将 D 触发器的 $\overline{Q}$ 端与 D 端相连接,构成 T' 触发器。测试其逻辑功能,并将数据填入表3-6-7中。

表 3-6-6　D 触发器的测试结果

D	CP	Q^{n+1}	
		$Q^n=0$	$Q^n=1$
0	0→1		
	1→0		
1	0→1		
	1→0		

表 3-6-7　T' 触发器的测试结果

T'	CP	Q^{n+1}	
		$Q^n=0$	$Q^n=1$
0	0→1		
	1→0		
1	0→1		
	1→0		

4. 用 JK 触发器设计分频器电路

设计一个分频器电路(对 2 Hz 进行二分频,得到 1 Hz 的脉冲信号),写出完整的设计过程,画出设计电路图,观察输出信号是否正确。

五、预习要求

1. 复习有关触发器的部分内容。

2. 列出各触发器的功能测试表格。

3. JK 触发器和 D 触发器在实现正常逻辑功能时 $\overline{R}_D$、$\overline{S}_D$ 应处于什么状态?

4. 触发器的时钟脉冲输入为什么不能用逻辑开关作脉冲源,而要用单次脉冲源或连续脉冲源?

六、实验报告

1. 列表整理各类型触发器的逻辑功能。

2. 画出触发器之间转换的逻辑图,记录整理实验数据。

实验七 计数器及其应用

一、实验目的

1. 掌握译码器的基本功能和七段数码显示器的工作原理。
2. 学习中规模计数器的功能测试方法。
3. 掌握计数器的应用。

二、实验原理

计数器是一种中规模集成电路,其种类有很多。如果按照触发器翻转的次序分类,可分为同步计数器和异步计数器两种;如果按照计数数字的增减可分为加法计数器、减法计数器和可逆计数器三种;如果按照计数器进位规律又可分为二进制计数器、十进制计数器、可编程 N 进制计数器等多种。

四位二进制同步计数器 74LS161:该计数器外加适当的反馈电路可以构成十六进制以内的任意进制计数器。如图 3-7-1 所示,其中 $\overline{LD}$ 是预置数控制端,D、C、B、A 是预置数据输入端,$\overline{R_D}$ 是清零端,EP、ET 是计数器使能控制端,R_{CO} 是进位信号输出端,它的主要功能有:

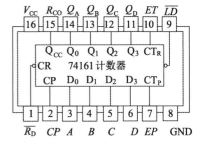

图 3-7-1　74LS161 的引脚图

(1) 异步清零功能

若 $\overline{R_D}=0$,则输出 $Q_D Q_C Q_B Q_A=0000$,与其他输入信号无关,也不需要 CP 脉冲的配合,所以称为异步清零。

(2) 同步并行置数功能

在 $\overline{R_D}=1$,且 $\overline{LD}=0$ 的条件下,当 CP 上升沿到来后,触发器 $Q_D Q_C Q_B Q_A$ 同时接收 D、C、B、A 输入端的并行数据。由于数据进入计数器需要 CP 脉冲的作用,所以称为同步置数,由于 4 个触发器同时置入,又称为并行置数。

(3) 进位输出 R_{CO}

在 $\overline{R_D}=1$、$\overline{LD}=1$、$EP=1$、$ET=1$ 的条件下,当计数器计数到 1111 时,$R_{CO}=1$,其余时候 $R_{CO}=0$。

(4) 保持功能

在 $\overline{R_D}=1$、$\overline{LD}=1$ 的条件下,EP、ET 两个使能端只要有一个低电平,计数器将处于数据保持状态,与 CP 及 D、C、B、A 端的输入无关,EP、ET 的区别为 $ET=0$ 时进位输出 $R_{CO}=0$,而 $EP=0$ 时 R_{CO} 不变。注意:保持功能的优先级低于置数功能。

(5) 计数功能

在 $\overline{R_D}=1$、$\overline{LD}=1$、$EP=1$、$ET=1$ 的条件下,计数器对 CP 端输入脉冲进行计数,计数方式为二进制加法,状态变化在 $Q_D Q_C Q_B Q_A=0000 \sim 1111$ 间循环。74LS161 的功能表详见

表 3-7-1 所示。

表 3-7-1　74LS161 功能表

清零	预置	使能		时钟	预置数据				输出				进位
$\overline{R_D}$	$\overline{LD}$	EP	ET	CP	D	C	B	A	Q_D	Q_C	Q_B	Q_A	TC
0	×	×	×	×	×	×	×	×	0	0	0	0	L
1	0	×	×	↑	D	C	B	A	D	C	B	A	♯
1	1	0	×	×	×	×	×	×	保持				L
1	1	×	0	×	×	×	×	×	保持				L
1	1	1	1	↑	×	×	×	×	计数				♯

通过对 74LS161 外加适当的反馈电路构成十六进制以内的各种计数器。用反馈的方法构成其他进制计数器一般有两种形式，即反馈清零法和反馈置数法。以构成十进制计数器为例，十进制计数器计数范围是 0000～1001，计数到 1001 后下一个状态为 0000。

① 反馈清零法是利用清除端 $\overline{R_D}$ 构成，即：当 $Q_D Q_C Q_B Q_A = 1010$（十进制数 10）时，通过反馈线强制计数器清零，如图 3-7-2 所示。由于该电路会出现瞬间 1010 状态，会引起译码电路的误动作，因此很少被采用。

② 反馈置数法是利用预置数端 $\overline{LD}$ 构成的，把计数器输入端 $ABCD$ 全部接地，当计数器计到 1001（十进制数 9）时，利用 $Q_D Q_A$ 反馈使预置端 $\overline{LD}=0$，则当第十个 CP 到来时，计数器输出端电平等于输入端电平，即：$Q_D = Q_C = Q_B = Q_A = 0$，这样可以克服反馈清零法的缺点，如图 3-7-3 所示。

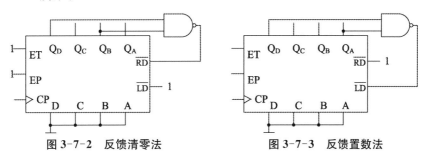

图 3-7-2　反馈清零法　　　　　图 3-7-3　反馈置数法

三、实验设备及所选用组件箱

名　　称	数　　量	备　　注
数字(模数综合)电子技术实验箱	1	
函数发生器及数字频率计	1	
双踪示波器	1	
可预置的四位同步二进制计数器 74LS161,74LS00	2	
数字式万用表	1	

四、实验内容及步骤

1. 测试计数器功能(计数、清零、置数、使能及进位)

置数功能:将计数器 74LS161 的输出端 Q_D、Q_C、Q_B、Q_A 接电平或数码显示,将 $\overline{R_D}$ 接高电平,A、B、C、D 输入端接任一预置数,然后在 $\overline{LD}$ 端手动加入一负脉冲,预置数被置入。

清零功能:在 $\overline{R_D}$ 端手动加入一负脉冲,看清零端的作用。

计数功能:使 $\overline{R_D}=1$、$\overline{LD}=1$、$EP=1$、$ET=1$,R_{CO} 接一电平指示,在 CP 端逐个手动加入单次脉冲,观察输出显示情况,并记录之,看是否符合二进制数的加法和进位规律。若使 EP、ET 两个使能端中任一个为低电平,在 CP 作用下观察输出是否变化。

2. 用 74LS161 设计一个九进制计数器,输出接到数码显示电路。时钟选择 1 Hz 方波。画出设计电路图,记录计数状态。

(1) 采用异步清零法设计。

(2) 采用同步置数法设计。

① 计数状态为 0—1—2—3······8

② 计数状态为 1—2—3—4······9(可自行设定)

3. 用 74LS161 设计一个二十四进制计数器。时钟选择 1 Hz 方波。画出设计电路图,记录计数状态。

(1) 采用异步清零法设计。

(2) 采用同步置数法设计

① 计数状态为 0—1—2—3······23

② 计数状态为 1—2—3—4······24(可自行设定)

③ 利用 74LS161 的 R_{CO}(TC)引脚设计

4. 设计电路,将用 74LS161 设计的二十四进制计数器的计数状态,用两片数码管显示。(选做)

五、预习要求

1. 复习译码和显示的工作原理。

2. 熟悉集成计数器的逻辑功能及使用方法。

六、实验报告

1. 画出实验电路图,简述原理(重点说明反馈控制)。

2. 根据实验结果,绘制状态图,辅以必要的文字说明。

3. 总结设计和使用计数器的体会。

实验八　移位寄存器及其应用

一、实验目的

1. 掌握中规模四位双向移位寄存器的逻辑功能及测试方法。
2. 研究由移位寄存器构成的环形计数器和串行累加器的工作原理。

二、实验原理

在数字系统中能寄存二进制信息，并可以进行移位的逻辑部件称为移位寄存器。移位寄存器按存储信息的方式可分为：串入串出、串入并出、并入串出、并入并出四种形式；按移位方向分，有左移、右移两种。

本实验采用四位双向通用移位寄存器，型号为 74LS194，引脚排列如图 3-8-1 所示。

D_A、D_B、D_C、D_D 为并行输入端；Q_A、Q_B、Q_C、Q_D 为并行输出端；S_R 为右移串行输入端；S_L 为左移串行输入端；S_1、S_0 为操作模式控制端；$\overline{CR}$ 为直接无条件清零端；CP 为时钟输入端。

寄存器有四种不同的操作模式：①并行寄存；②右移（方向由 $Q_A \rightarrow Q_D$）；③左移（方向由 $Q_D \rightarrow Q_A$）；④保持。S_1、S_0 和 $\overline{CR}$ 的作用如表 3-8-1 所示。

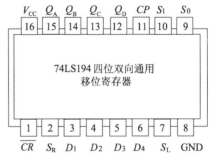

图 3-8-1　74LS194 引脚图

表 3-8-1　74LS194 功能表

CP	$\overline{CR}$	S_1	S_0	功能	$Q_A Q_B Q_C Q_D$
$\times$	0	$\times$	$\times$	清除	$\overline{CR}=0$，使 $Q_A Q_B Q_C Q_D=0$，寄存器正常工作时，$\overline{CR}=1$
$\uparrow$	1	1	1	送数	CP 上升沿作用后，并行输入数据送入寄存器。$Q_A Q_B Q_C Q_D=D_A D_B D_C D_D$ 此时串行数据 $(S_R、S_L)$ 被禁止
$\uparrow$	1	0	1	右移	串行数据送至右移输入端 S_R，CP 上升沿进行右移。$Q_A Q_B Q_C Q_D=D_{SR} Q_A Q_B Q_C$
$\uparrow$	1	1	0	左移	串行数据送至左移输入端 S_L，CP 上升沿进行右移。$Q_A Q_B Q_C Q_D=Q_B Q_C Q_D S_L$
$\uparrow$	1	0	0	保持	CP 作用后寄存器内容保持不变 $Q_A^{n+1} Q_B^{n+1} Q_C^{n+1} Q_D^{n+1}=Q_A^n Q_B^n Q_C^n Q_D^n$

移位寄存器的应用很广,可构成移位寄存器型计数器、顺序脉冲发生器、串行累加器,可用作数据转换,即把串行数据转换为并行数据,或把并行数据转换为串行数据等。本实验研究移位寄存器用作环形计数器和串行累加器的情况。

把移位寄存器的输出反馈到它的串行输入端,就可以进行循环移位,如图 3-8-2(a)的四位寄存器中,把输出 Q_D 和右移串行输入端 S_R 相连接,设初始状态 $Q_A Q_B Q_C Q_D = 1000$,则在时钟脉冲作用下 $Q_A Q_B Q_C Q_D$ 将依次变为 $0100 \rightarrow 0010 \rightarrow 0001 \rightarrow 1000 \rightarrow \cdots\cdots$,其波形如图 3-8-2(b)所示,可见它是一个具有 4 个有效状态的计数器。图 3-8-2(a)所示电路可以由各个输出端输出在时间上有先后顺序的脉冲,因此也可作为顺序脉冲发生器。

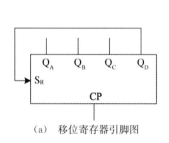
（a）移位寄存器引脚图

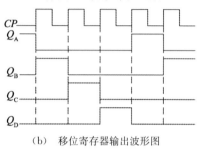
（b）移位寄存器输出波形图

图 3-8-2　移位寄存器

累加器是由移位寄存器和全加器组成的一种求和电路,它的功能是将本身寄存的数和另一个输入的数相加,并存放在累加器中。

如图 3-8-3 所示为累加器原理图。设开始时,被加数 $A = A_{n-1} \cdots A_0$ 和加数 $B = B_{n-1} \cdots B_0$ 已分别存入 $n+1$ 位累加和移位寄存器和加数移位寄存器中。进位触发器已被清零。当第一个时钟脉冲到来之前,全加器各输入、输出情况为 $A_n = A_0$、$B_n = B_0$、$C_{n-1} = 0$、$S_n = A_0 + B_0 + 0 = S_0$、$C_n = C_1$。在第一个 CP 脉冲到来后,S_0 存入累加和移位寄存器最高位,C_0 存入进位触发器 D 端,且两个移位寄存器中的内容都向右移动一位,此时全加器输出为 $S_n = A_1 + B_1 + C_0 = S_1$、$C_n = C_1$。在第二个 CP 脉冲到来后,两个移位寄存器的内容又右移一位,此时全加器的输出为 $S_n = A_2 + B_2 + C_1 = S_2$、$C_n = C_2$。按此顺序进行,到第 $n+1$ 个时钟脉冲后,不仅原先存入两个寄存器中的数已被全部移出,且 A、B 两个数相加的和及最后的进位 C_{n-1} 也被全部存入累加和移位寄存器中。若需继续累加,则加数移位寄存器中需再存入新的加数。

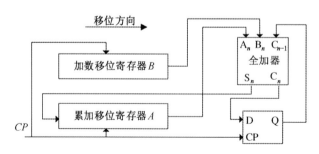

图 3-8-3　累加器的原理图

中规模集成移位寄存器,其位数往往以四位居多,当需要的位数多于四位时,可把几块移位寄存器级联来扩展位数。

三、实验设备及所选用组件箱

名　　　称	数　　量	备　　注
数字(模数综合)电子技术实验箱	1	
数字式万用表	1	
四位双向移位寄存器(74LS194)	2	
双 D 触发器(74LS74)	1	
四位全加器(72LS283)	1	

四、实验内容及步骤

1. 测试 74LS194 的逻辑功能

按图 3-8-4 接线,$\overline{CR}$、S_1、S_0、S_L、S_R、D_A、D_B、D_C、D_D 分别接数据开关,Q_A、Q_B、Q_C、Q_D 接电平指示器,CP 接单次脉冲源,按表 3-8-2 所规定的输入状态,逐项进行测试。

（1）清除

令 $\overline{CR}=0$,其他输入均为任意状态,这时寄存器输出 Q_A、Q_B、Q_C、Q_D 均为零。清除功能完成后,置 $\overline{CR}=1$。

（2）送数

令 $\overline{CR}=S_1=S_0=1$,送入任意四位二进制数,如 $D_A D_B D_C D_D = abcd$,加 CP 脉冲,观察 $CP=0$、

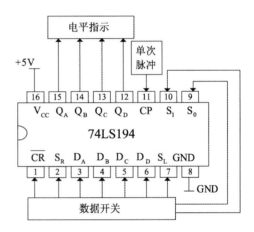

图 3-8-4　测试 74LS194 的接线图

CP 由 0→1、CP 由 1→0 三种情况下寄存器输出状态的变化,分析寄存器输出状态变化是否发生在 CP 脉冲上升沿,将数据记入表 3-8-2 中。

表 3-8-2　74LS194 的测试结果

清除	模式		时钟	串行		输入	输出	功能总结
$\overline{CR}$	S_1	S_0	CP	S_L	R_R	$D_A D_B D_C D_D$	$Q_A Q_B Q_C Q_D$	
0	×	×	×	×	×	× × × ×	0　0　0　0	
1	1	1	↑	×	×	a　b　c　d		
1	0	1	↑	×	0	× × × ×		
1	0	1	↑	×	1	× × × ×		
1	1	0	↑	1	×	× × × ×		
1	1	0	↑	0	×	× × × ×		
1	0	0	↑	×	×	× × × ×		

（3）右移

令$\overline{CR}=1$、$S_1=0$、$S_0=1$，清零，或用并行送数设置寄存器输出。由右移输入端S_R送入二进制数，如 0100，由 CP 端连续加 4 个脉冲，观察输出端情况，并记录数据。

（4）左移

令$\overline{CR}=1$、$S_1=1$、$S_0=0$，先清零或预置，由左移输入端S_L送入二进制数，如 1111，连续加 4 个 CP 脉冲，观察输出情况，并记录数据。

（5）保持

寄存器预置任意四位二进制数码 $abcd$

令$\overline{CR}=1$、$S_1=0$、$S_0=0$，加 CP 脉冲，观察寄存器的输出状态，并记录数据。

注：保留接线，待用。

2. 循环移位

将实验内容 1 接线中 Q_D 与电平指示器及 S_R 与逻辑开关的接线断开，并将 Q_D 与 S_R 直接连接，其他接线均不变动，用并行送数法预置寄存器输出为某二进制数码（如 0100），然后进行右移循环，观察寄存器输出端变化，并将数据记入表 3-8-3 中。

3. 累加运算

按图 3-8-5 连接实验电路。$\overline{CR}$、S_1、S_0 接逻辑开关，CP 接单次脉冲源，由于逻辑开关数量有限，两寄存器并行输入端 $D_A \sim D_D$ 高电平时接逻辑开关（掷向"1"处），低电平时接地。两寄存器输出接电平指示器。

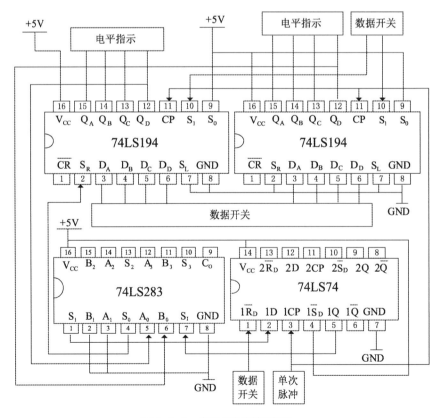

图 3-8-5　串行累加器接线图

表 3-8-3　循环移位		
CP	Q_A　Q_B　Q_C　Q_D	
0	0　　1　　0　　0	
1		
2		
3		
4		

表 3-8-4　串行累加		
CP	累加寄存器 A	加数寄存器 B
0		
1		
2		
3		
4		

（1）D 触发器置零

使 74LS74 的 $\overline{R}_D$ 端为低电平,再变为高电平。

（2）送数

令 $\overline{CR}=S_1=S_0=1$,用并行送数方法把加数($A_3 A_2 A_1 A_0$)和被加数($B_3 B_2 B_1 B_0$)分别送入累加和移位寄存器 A 及加数移位寄存器 B 中。然后进行右移,实现加法运算。连续输入 4 个 CP 脉冲,观察两个寄存器输出状态的变化,并将数据记入表 3-8-4 中。

五、预习要求

1. 复习有关寄存器内容。

2. 查阅 74LS74 和 74LS193 引脚排列。

3. 在对 74LS194 进行送数后,若要使输出端改成另外的数码,是否一定要使寄存器清零?

4. 使寄存器清零,除采用 $\overline{CR}$ 输入低电平外,可否采用右移或左移的方法? 可否使用并行送数法? 若可行,如何进行操作?

5. 若进行循环左移,则图 3-8-4 的接线应如何改装?

六、实验报告

1. 分析表 3-8-2 中记录的实验结果,总结移位寄存器 74LS194 的逻辑功能,写入表格功能总结一栏中。

2. 根据实验内容 2 的结果,画出四位环形计数器的状态转换图及波形图。

3. 分析累加运算所得结果的正确性。

实验九 单稳态、施密特、555 时基电路及其应用

一、实验目的

1. 掌握使用集成门电路构成单稳态触发器的基本方法。
2. 熟悉集成单稳态触发器的逻辑功能及其使用方法。
3. 熟悉集成施密特触发器的性能及其应用。
4. 掌握 555 时基电路的结构和工作原理,学会对此芯片的正确使用。
5. 学会分析和测试用 555 时基电路构成的多谐振荡器、单稳态触发器、R-S 触发器等三种典型电路。

二、实验原理

在数字电路中常使用矩形脉冲作为信号,进行信息传递,或作为时钟信号用来控制和驱动电路,使各部分协调动作。一类是自激多谐振荡器,它是不需要外加信号触发的矩形波发生器。另一类是他激多谐振荡器,有单稳态触发器,它需要在外加触发信号的作用下输出具有一定宽度的矩形脉冲波;有施密特触发器(整形电路),它对外加输入的正弦波等波形进行整形,使电路输出矩形脉冲波。

1. 用与非门组成单稳态触发器

利用与非门作开关,依靠定时元件 RC 电路的充放电路来控制与非门的启闭。单稳态电路有微分型和积分型两大类,这两类触发器对触发脉冲的极性与宽度有不同的要求。

(1) 微分型单稳态触发器

如图 3-9-1 所示。

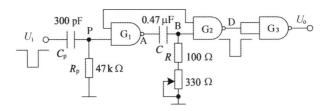

图 3-9-1 微分型单稳态触发器

该电路为负脉冲触发。其中 R_p、C_p 构成输入端微分隔直电路。R、C 构成微分型定时电路,定时元件 R、C 的取值不同,输出脉宽 t_w 也不同。$t_w \approx (0.7 \sim 1.3)RC$。与非门 G_3 起整形、倒相的作用。

图 3-9-2 为微分型单稳态触发器各点波形图,结合波形图说明其工作原理。

① 无外按触发脉冲时,电路初始稳态 $t < t_1$ 前状态

稳态时 U_i 为高电平。适当选择电阻 R 的阻值,使与非门 G_2 的输入电压 U_B 小于其关门

电平($U_B<U_{off}$)，则门 G_2 关闭，输出 U_D 为高电平。适当选择电阻 R_p 的阻值，使与非门 G_1 的输入电压 U_p 大于其开门电平($U_p>U_{on}$)，于是 G_1 的两个输入端全为高电平，则 G_1 开启，输出 U_A 为低电平(为方便计算，取 $U_{off}=U_{on}=U_T$)。

② 触发翻转 $t=t_1$ 时刻

U_i 负跳变，U_p 也负跳变，门 G_1 的输出电压 U_A 升高，经电容 C 耦合，U_B 也升高，门 G_2 的输出电压 U_D 降低，正反馈到 G_1 输入端，结果使 G_1 的输出电压 U_A 由低电平迅速上跳至高电平，G_1 迅速关闭；U_B 也上跳至高电平，G_2 的输出电压 U_D 则迅速下跳至低电平，G_2 迅速开通。

③ 暂稳状态 $t_1<t<t_2$

$t \geqslant t_1$ 以后，G_1 输出高电平，对电容 C 充电，U_B 随之按指数规律下降，但只要 $U_B>U_T$，G_1 关、G_2 开的状态将维持不变，U_A、U_D 也维持不变。

④ 自动翻转 $t=t_2$

$t=t_2$ 时刻，U_B 下降至门的关门电平 U_T，G_2 的输出电压 U_D 升高，G_1 的输出电压 U_A 下降，正反馈作用使电路迅速翻转至 G_1 开启，G_2 关闭的初始稳态。

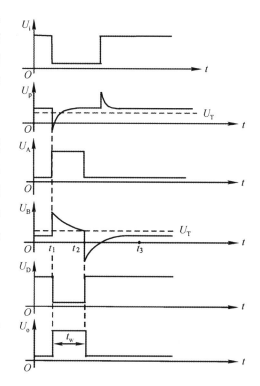

图 3-9-2　微分型单稳态触发器波形图

暂稳态时间的长短，取决于电容 C 充电时间常数 $t=RC$。

⑤ 恢复过程 $t_2<t<t_3$

电路自动翻转到 G_1 开启，G_2 关闭后，U_B 不是立即回到初始稳态值，这是因为电容 C 要有一个放电过程。

$t>t_3$ 以后，如 U_i 再出现负跳变，则电路将重复上述过程。

如果输入脉冲宽度较小，则输入端可省去 R_pC_p 微分电路。

（2）积分型单稳态触发器

如图 3-9-3 所示。

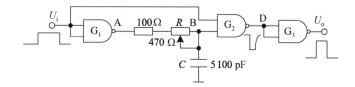

图 3-9-3　积分型单稳态触发器

电路采用正脉冲触发，工作波形如图 3-9-4 所示。电路的稳定条件是 $R \leqslant 1\ k\Omega$，输出脉冲宽度 $t_w \approx 1.1\,RC$。

单稳态触发器的共同特点是：触发脉冲未加入前，电路处于稳态。此时，可以测得各门的输入和输出电位。触发脉冲加入后，电路立刻进入暂稳态，暂稳态的时间，即输出脉冲的

宽度 t_w 只取决于 RC 数值的大小,与触发脉冲无关。

2. 用与非门组成施密特触发器

施密特触发器能对正弦波、三角波等信号进行整形,并输出矩形波,图 3-9-5(a)、(b)是两种典型的电路。图 3-9-5(a)中,门 G_1、G_2 是基本 RS 触发器,门 G_3 是反相器,二极管 D 起电平偏移作用,以产生回差电压,其工作情况如下:设 $U_i=0$,G_3 截止,$R=1$、$S=0$,$Q=1$、$\overline{Q}=0$,电路处于原态。U_i 由 0 U 上升到电路的接通电位 U_T 时,G_3 导通,$R=0$,$S=1$,触发器翻转为 $Q=0$,$\overline{Q}=1$ 的新状态。此后 U_i 继续上升,电路状态不变。当 U_i 由最大值下降到 U_T 值的时间内,R 仍等于 0,$S=1$,电路状态也不变。当 $U_i \leqslant U_T$ 时,G_3 由导通变为截止,而 $U_S=U_T+U_D$ 为高电平,因而 $R=1$,$S=1$,触发器状态仍保持。只有 U_i 降至使 $U_S=U_T$ 时,电路才翻回到 $Q=1$,$\overline{Q}=0$ 的原态。电路的回差 $\Delta U=U_D$。

图 3-9-5(b)是由电阻 R_1、R_2 产生回差的电路。

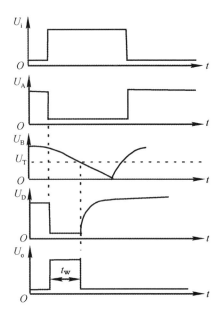

图 3-9-4 积分型单稳态触发器波形图

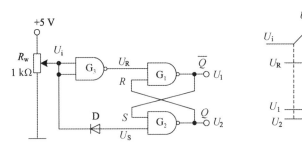

(a) 由二极管 D 产生回差的电路

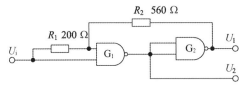

(b) 由电阻 R_1、R_2 产生回差的电路

图 3-9-5 与非门组成施密特触发器

3. 集成双单稳态触发器 CC4528(CC4098)

(1) CC4528 工作原理

如图 3-9-6 所示为 CC4528 的逻辑符号和引脚图,表 3-9-1 为 CC4528 的功能表。

该器件能提供稳定的单脉冲,脉宽由外部电阻 R_X 和外部电容 C_X 决定,调整 R_X 和 C_X 可使 Q 端和 $\overline{Q}$ 端输出脉冲的宽度有一个较宽的范围。本器件可采用上升沿触发($+TR$)也可用下降沿触发($-TR$),为使用带来很大的方便。在正常工作时,电路应由每一个新脉冲去触发。当采用上升沿触发时,为防止重复触发,$\overline{Q}$必须连到($-TR$)端。同样,在使用下降沿触发时,Q端必须连到($+TR$)端。

该单稳态触发器的时间周期约为 $T_X = R_X C_X$。

所有的输出级都有缓冲级,以提供较大的驱动电流。

表 3-9-1 CC4528 的功能表

输 入			输 出	
$+TR$	$-TR$	$\overline{R}$	Q	$\overline{Q}$
⎍	1	1	⊓	⊔
⎍	0	1	Q	$\overline{Q}$
1	⎍	1	Q	$\overline{Q}$
0	⎍	1	⊓	⊔
×	×	0	0	1

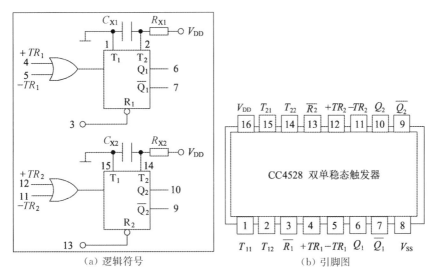

(a) 逻辑符号　　　　　　　(b) 引脚图

图 3-9-6　CC4528 集成双单稳态触发器

(2) 应用举例

① 实现脉冲延迟,如图 3-9-7 所示。

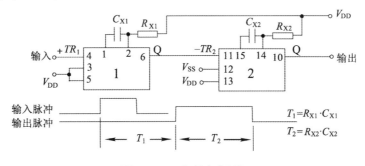

图 3-9-7　实现脉冲延迟

② 实现多谐振荡器，如图 3-9-8 所示。

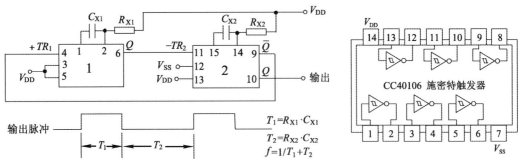

$$T_1=R_{X1}\cdot C_{X1}$$
$$T_2=R_{X2}\cdot C_{X2}$$
$$f=1/T_1+T_2$$

图 3-9-8　实现多谐振荡

图 3-9-9　CC40106 引脚排列

4. 集成六施密特触发器 CC40106

如图 3-9-9 为其逻辑符号及引脚功能，它可用于波形的整形，也可作反相器或构成单稳态触发器和多谐振荡器。

（1）将正弦波转换为方波，如图 3-9-10 所示。

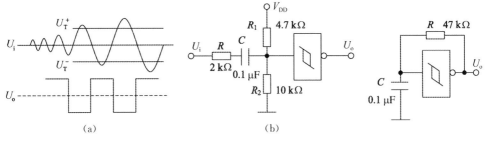

图 3-9-10　正弦波转换为方波

图 3-9-11　多谐振荡器

（2）构成多谐振荡器，如图 3-9-11 所示。

（3）构成单稳态触发器

图 3-9-12(a) 为下降沿触发；图 3-9-12(b) 为上升沿触发。

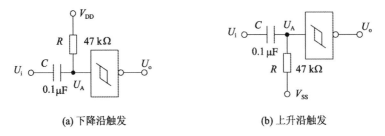

(a) 下降沿触发　　　　(b) 上升沿触发

图 3-9-12　单稳态触发器

5. 555 时基电路

实验所用的 555 时基电路芯片为 NE556，同一芯片上集成了两个各自独立的 555 时基电路，各管脚的功能简述如下（参见图 3-9-13 和图 3-9-14）：

TH:高电平触发端,当 TH 端电压大于 $2/3V_{CC}$ 时,输出端 OUT 呈低电平,DIS 端导通。

$\overline{TR}$:低电平触发端,当 $\overline{TR}$ 端电平小于 $1/3V_{CC}$ 时,输出端 OUT 呈高电平,DIS 端开断。

DIS:放电端,其导通或关断,可为外接的 RC 回路提供放电或充电的通路。

$\overline{R}$:复位端,$\overline{R}=0$ 时,OUT 端输出低电平,DIS 端导通。该端不用时接高电平。

VC:控制电压端,VC 接不同的电压值可改变 TH、$\overline{TR}$ 的触发电平值,其外接电压值范围是 $0\sim V_{CC}$,该端不用时,一般应在该端与地之间接一个电容。

OUT:输出端。电路的输出带有缓冲器,因而有较强的带负载能力,可直接推动 TTL、CMOS 电路中的各种电路和蜂鸣器等。

V_{CC}:电源端。电源电压范围较宽,TTL 型为 ＋5 V～＋16 V,CMOS 型为 ＋3～ ＋18 V,本实验所用电压 $V_{CC}=+5$ V。

芯片的功能如表 3-9-2 所示,管脚图如图 3-9-13 所示,功能简图如图 3-9-14 所示。

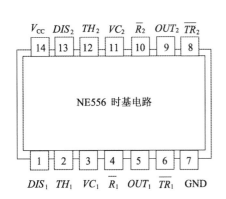

图 3-9-13　时基电路芯片 NE556 管脚图　　　图 3-9-14　时基电路功能简图

表 3-9-2　555 定时器的功能表

TH	$\overline{TR}$	$\overline{R}$	OUT	DIS
X	X	L	L	导通
$>2/3\,V_{CC}$	$>1/3\,V_{CC}$	H	L	导通
$<2/3\,V_{CC}$	$>1/3\,V_{CC}$	H	原状态	原状态
$<2/3\,V_{CC}$	$<1/3\,V_{CC}$	H	H	关断

555 时基电路的应用十分广泛,在波形产生、变换、测量仪表、控制设备等方面经常用到。采用 555 时基电路构成的多谐振荡器、单稳态触发器和 R-S 触发器的电路分别见图 3-9-16、图 3-9-18 和图 3-9-19。

由 555 时基电路构成的多谐振荡器的工作原理是:利用电容充放电过程中电容电压的变化来改变加在高低电平触发端的电平的变化,使 555 时基电路内 RS 触发器的状态置"1"或置"0",从而在输出端获得矩形波。

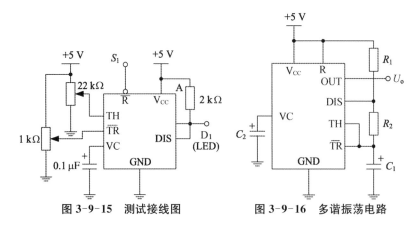

图 3-9-15　测试接线图　　　　图 3-9-16　多谐振荡电路

当电路接通电源时,由于电容 C_1 为低电位,$\overline{TR}$ 也为低电位,OUT 输出高电平。同时 DIS 断开,电源通过 R_1、R_2 向 C_1 充电,电容电压和 TH、$\overline{TR}$ 电位随之升高,升高至 TH 的触发电平时,OUT 输出低电平。同时 DIS 接通,电容 C_1 通过 R_2 和 DIS 放电,电容电压和 $\overline{TR}$、TH 电位随之降低,降低到 TR 的触发电平时,OUT 输出高电平。DIS 断开,电容 C_1 又开始充电,重复上述过程,从而形成振荡。

至于单稳态电路和 R-S 触发器的工作过程,读者可仿照上述步骤自行分析。

三、实验设备与器件

名　　　称	数　　量	备　注
数字(模数综合)电子技术实验箱	1	
数字式万用表,双踪示波器,连续脉冲源、数字频率计	1	
CC4011、CC14528、CC40106、2CK15、电位器、电阻、电容	若干	

四、实验内容与步骤

1. 按图 3-9-1 接线,输入 1 kHz 连续脉冲,用双踪示波器测 U_i、U_p、U_A、U_B、U_D 及 U_o 的波形,并记录下来。

2. 改变 C 或 R 的值,重复实验 1 的内容。

3. 按图 3-9-3 接线,重复 1 的实验内容。

4. 按图 3-9-5 (a)接线,令 U_i 由 0→5 V 变化,测量 U_1、U_2 的值。

5. 按图 3-9-7 接线,输入 1 kHz 连续脉冲,用双踪示波器观测输入、输出波形,测定 T_1 与 T_2。

6. 按图 3-9-8 接线,用示波器观测输出波形,测定振荡频率。

7. 按图 3-9-10 接线,构成整形电路,被整形信号可由音频信号源提供,图中串联的 2 kΩ 电阻起限流保护作用。将正弦信号频率置 1 kHz,调节信号电压由低到高观测输出波形的变化。记录输入信号为 0 V, 0.25 V, 0.5 V, 1.0 V, 1.5 V, 2.0 V 时的输出波形。

8. 按图 3-9-11 接线,用示波器观测输出波形,测定振荡频率。

9. 分别按图 3-9-12(a)、(b)接线，进行实验。

10. 555 时基电路功能测试

(1) 按图 3-9-15 接线，可调电压取自电位器分压器。

(2) 按表 3-9-3 逐项测试其功能并记录数据。

表 3-9-3　555 时基电路功能测试表

TH	$\overline{TR}$	$\overline{R}$	OUT	DIS
X	X	L		
$>2/3\,V_{CC}$	$>1/3\,V_{CC}$	H		
$<2/3\,V_{CC}$	$>1/3\,V_{CC}$	H		
$<2/3\,V_{CC}$	$<1/3\,V_{CC}$	H		

11. 555 时基电路构成的多谐振荡器(电路如图 3-9-16 所示)

(1) 按图 3-9-16 接线。图中元件参数如下：

$$R_1 = 15\ \text{k}\Omega \qquad R_2 = 5\ \text{k}\Omega$$
$$C_1 = 0.033\ \mu\text{F} \quad C_2 = 0.1\ \mu\text{F}$$

(2) 用示波器观察并测量 OUT 端波形的频率和理论估算值比较，算出频率的相对误差值。

(3) 若将电阻值改为 $R_1 = 15\ \text{k}\Omega$，$R_2 = 10\ \text{k}\Omega$，电容 C 不变，上述的数据有何变化？

(4) 根据上述电路的原理，充电回路的支路是 $R_1 R_2 C_1$，放电回路的支路是 $R_2 C_1$，将电路略做修改，增加一个电位器 R_p 和两个引导二极管，构成图 3-9-17 所示的占空比可调的多谐振荡器。

其占空比 q 为 $q = \dfrac{R_1}{R_1 + R_2}$

改变 R_p 的位置，可调节 q 值。合理选择元件参数(电位器选用 22 kΩ)，使电路的占空比 $q = 0.2$，调试正脉冲宽度为 0.2 ms。

调试电路，测出所用元件的数值，估算电路的误差。

12. 555 构成的单稳态触发器(实验如图 3-9-18 所示)

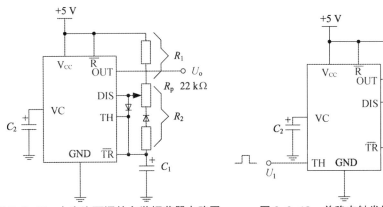

图 3-9-17　占空比可调的多谐振荡器电路图　　图 3-9-18　单稳态触发器电路

（1）按如图 3-9-18 接线，图中 $R=10\ \text{k}\Omega$，$C_1=0.01\ \mu\text{F}$，U_1 是频率约为 10 kHz 左右的方波时，用双踪示波器观察 OUT 端相对于 U_1 的波形，并测出输出脉冲的宽度 T_w。

（2）调节 U_1 的频率，分析并记录观察到的 OUT 端波形的变化。

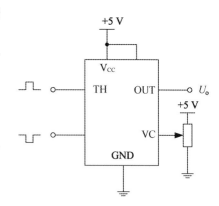

（3）若想使 $T_w=10\ \mu\text{s}$，怎样调整电路？测出此时各有关的参数值。

13. 555 时基电路构成的 R-S 触发器

实验如图 3-9-19 所示。

（1）先令 VC 端悬空，调节 R、S 端的输入电平值，观察 U_o 的状态在什么时刻由 0 变 1，或由 1 变 0？

测出 U_o 的状态切换时，R、S 端的电平值。

（2）若要保持 U_o 端的状态不变，用实验法测定 R、S 端应在什么电平范围内？

图 3-9-19 R－S 触发器电路

整理实验数据，列成真值表的形式。

（3）若在 VC 端加直流电压 U_{C-V}，并令 U_{C-V} 分别为 2 V、4 V 时，测出此时 U_o 的状态保持和切换时 R、S 端应加的电压值是多少？试用实验法测定。

14. 555 时基电路组成的振铃电路

如图 3-9-20 所示用 555 的两个时基电路构成低频对高频调制的救护车警铃电路。

（1）参考实验内容 11 确定图 3-9-20 中未定元件参数。

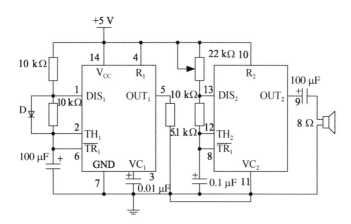

图 3-9-20 用时基电路组成振铃电路

（2）按图接线，注意扬声器先不接。

（3）用示波器观察输出波形并记录。

（4）接上扬声器，调整参数到声响效果满意。

15. 时基电路使用说明

555 定时器的电源电压范围较宽。可在＋5 V～＋16 V 范围内使用（若为 CMOS 的芯片则电压范围在＋3 V～＋18 V 内）。

电路的输出有缓冲器，因而有较强的带负载能力，双极性定时器最大的灌电流在

200 mA左右,因而可直接驱动 TTL 或 CMOS 电路中的各种电路,包括直接驱动蜂鸣器等器件。

本实验所使用的电源电压 $V_{CC} = +5\ V$。

五、预习要求

1. 复习有关单稳态触发器和施密特触发器的内容。
2. 画出实验用的详细线路图。
3. 拟定各次实验的方法、步骤。
4. 拟好记录实验结果所需的数据、表格等。

六、实验报告

1. 绘出实验电路图,用方格纸记录波形。
2. 分析各次实验结果的波形,验证有关的理论。
3. 总结单稳态触发器及施密特触发器的特点及其应用。
4. 总结时基电路的基本电路及使用方法。

实验十 模数、数模转换电路实验

一、实验目的

1. 熟悉 D/A 转换器和 A/D 转换器的工作原理。
2. 了解 D/A 转换器 DAC0832 和 A/D 转换器（ADC0809）的基本结构和特性。
3. 掌握 D/A 转换器 DAC0832 和 A/D 转换器（ADC0809）的使用方法。

二、实验原理

1. D/A 转换器（DAC0832）

DAC0832 为电压输入、电流输出的 $R-2R$ 电阻网络型的 8 位 D/A 转换器，DAC0832 采用 CMOS 和薄膜 Si - Cr 电阻相容工艺制造，温漂低，逻辑电平输入与 TTL 电平兼容。DAC0832 是一个 8 位乘法型 CMOS 数模转换器，它可直接与微处理器相连，采用双缓冲寄存器，这样可在输出的同时，采集下一个数字量，以提高转换速度。

DAC0832 的内部功能框图及外部引线排列如图 3-10-1 所示。

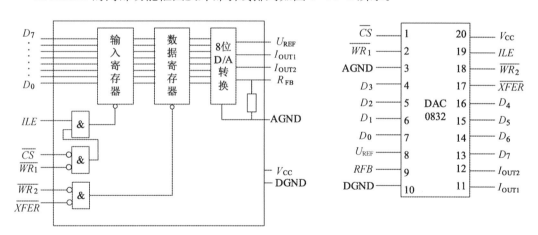

图 3-10-1　DAC0832 的内部功能框图、外部引线排列图

DAC0832 主要由 3 部分构成，第一部分是 8 位 D/A 转换器，输出为电流形式；第二部分是由两个 8 位数据锁存器构成的双缓冲形式；第三部分是控制逻辑。计算机可利用控制逻辑通过数据总线向锁存器输入存储数据，因控制逻辑的连接方式不同，可使 D/A 转换器的数据输入具有双缓冲、单缓冲和直通 3 种方式。

当 WR_1、WR_2、$XFER$ 及 CS 接低电平时，ILE 接高电平，即不用写信号控制，使两个寄存器处于开通状态，外部输入数据直通内部 8 位 D/A 转换器的数据输入端，这种方式称为直通方式。当 WR_2、$XFER$ 接低电平时，使 DAC0832 中两个寄存器中的一个处于开通状态，只控制一个寄存器，这种工作方式叫单缓冲工作方式。当 ILE 为高电平时，CS 和

WR_1为低电平,8 位输入寄存器有效,输入数据存入寄存器。当 D/A 转换时,WR_2、$XFER$为低电平,ILE_2使 8 位 D/A 寄存器有效,将数据置入 D/A 寄存器中,进行 D/A 转换。两个寄存器均处于受控状态,输入数据要经过两个寄存器缓冲控制后才进入 D/A 转换器。这种工作方式叫双缓冲工作方式。

DAC0832 管脚定义说明如下:

$\overline{CS}$:片选输入端,低电平有效,与 ILE 共同作用,对 WR_1 信号进行控制。

ILE:输入的锁存信号(高电平有效),当 $ILE=1$ 且 CS 和 WR_1 均为低电平时,8 位输入寄存器允许输入数据;当 $ILE=0$ 时,8 位输入寄存器锁存数据。

$\overline{WR_1}$:写信号 1(低电平有效),用来将输入数据位送入寄存器中;当$\overline{WR_1}=1$时,输入寄存器的数据被锁定;当$\overline{CS}=0$,$ILE=1$ 时,在$\overline{WR_1}$ 为有效电平的情况下,才能写入数字信号。

$\overline{WR_2}$:写信号 2(低电平有效),与$\overline{XFER}$组合,当$\overline{WR_2}$ 和$\overline{XFER}$均为低电平时,可将输入寄存器中的 8 位数据传送到 8 位 DAC 数据寄存器中;$\overline{WR_2}=1$ 时 8 位 DAC 数据寄存器锁存数据。

$\overline{XFER}$:传输控制信号,低电平有效,控制 WR_2 有效。

$D_0 \sim D_7$:8 位数字量输入端,其中 D_0 为最低位,D_7 为最高位。

I_{OUT1}:DAC 电流输出 1 端,当 DAC 寄存器全为 1 时,输出电流 I_{OUT1} 为最大;当 DAC 寄存器中全都为 0 时,输出电流 I_{OUT1} 最小。

I_{OUT2}:DAC 电流输出 2 端,输出电流 $I_{OUT1}+I_{OUT2}=$ 常数。

R_{FB}:芯片内的反馈电阻。反馈电阻引出端,用来作为外接运放的反馈电阻。在构成电压输出 DAC 时,此端应接运算放大器的输出端。

U_{REF}:参考电压输入端,通过该引脚将外部的高精度电压源与片内的 R - $2R$ 电阻网相连,其电压范围为$-10 \sim +10$ V。

V_{CC}:电源电压输入端,电源电压范围为$+5 \sim +15$ V,最佳状态为$+15$ V。

DGND:数字电路接地端。

AGND:模拟电路接地端,通常与 DGND 相连。

为了将模拟电流转换为模拟电压,需把 DAC0832 的两个输出端 I_{OUT1} 和 I_{OUT2} 分别接到运算放大器的两个输入端,经过一级运放得到单极性输出电压 U_{A1}。当需要把输出电压转换为双极性输出时,可由第二级运放对 U_{A1} 及基准电压 U_{REF} 反相求和,得到双极性输出电压 U_{A2},如图 3-10-2 所示,电路为 8 位数字量 $D_0 \sim D_7$ 经 D/A 转换器转换为双极性电压输出的电路图。

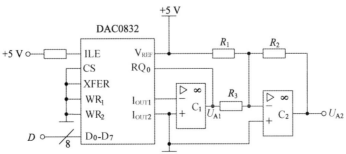

图 3-10-2 D/A 转换双极性输出电路图

第一级运放的输出电压为：$U_{A1} = -U_{REF} \times \dfrac{D}{2^8}$

其中，D 为数字量的十进制数。

第二级运放的输出电压为：$U_{A2} = -\left(\dfrac{R_2}{R_3}U_{A1} + \dfrac{R_2}{R_1}U_{REF}\right)$

当 $R_1 = R_2 = 2R_3$ 时，则 $U_{A2} = -(2V_{A1} + V_{REF}) = \dfrac{D-128}{128}V_{REF}$

2. A/D 转换器（ADC0809）

ADC0809 是一个带有 8 通道多路开关并能与微处理器兼容的 8 位 A/D 转换器，它是单片 CMOS 器件，采用逐次逼近法进行转换。它的转换时间为 100 μs，分辨率为 8 位，转换速度为 $\pm LSD/2$，单 5 V 供电，输入模拟电压范围为 0~5 V，内部集成了可以锁存控制的 8 路模拟转换开关，输出采用三态输出缓冲寄存器，电平与 TTL 电平兼容。

ADC0809 内部结构及外部引线排列，如图 3-10-3 所示。

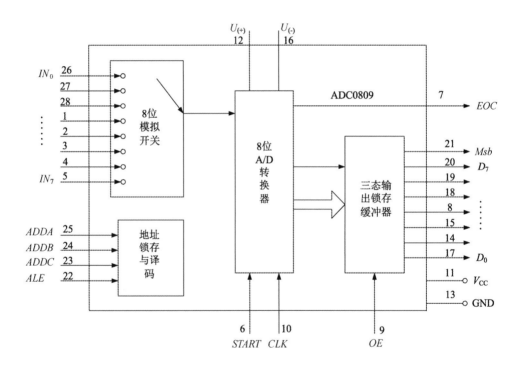

图 3-10-3 ADC0809 转换器逻辑框图及引脚排列

在 8 路模拟输入信号中选择哪一路输入信号进行转换，由多路选择器决定。多路选择器包括 8 个标准的 CMOS 模拟开关，3 个地址锁存器。$ADDC$~$ADDA$ 3 位地址选择有 8 种状态，可以选中 8 个通道之一。

256 个电阻和 256 个模拟开关组成 DAC 电路。模拟开关受 8 位逐次比较寄存器输出状态的控制，8 位逐次比较寄存器可记录 $2^8 = 256$ 种不同状态，因此开关树输出 U_{REF} 也有 256 个参考电压，将 U_{REF} 送入比较器与输入的模拟电压进行比较，比较结果再送入 8 位逐次比较寄存器,8 位逐次比较寄存器的状态再控制开关树,如此不断地进行比较,直至转换完最低位为止。

如果将 ST 与 ALE 相连,则在通道地址选定的同时也开始 A/D 转换。若将 ST 与 EOC 相连,上一次转换结束就开始下一次转换。当不需要高精度基准电压时,U_{REF+}、U_{REF-} 接系统电源 V_{CC} 和 GND 上。此时最低位所表示的输入电压值为 $\frac{5}{2^8}$ V=20 mV,U_{REF+} 和 U_{REF-} 也不一定要分别接在 V_{CC} 和 GND 上,但要满足以下条件:

$$0 \leqslant U_{REF-} < U_{REF+} \leqslant V_{CC}$$

$$\frac{U_{REF-} + U_{REF+}}{2} = \frac{1}{2} V_{CC}$$

模拟量的输入有单极性输入和双极性输入两种方式。单极性模拟电压的输入范围为 0~5 V,双极性模拟电压的输入范围为 −5~+5 V。双极性输入时需要外加输入偏置电路,如图 3-10-4 所示。

ADC0809 各引脚的功能说明如下:

$A_0 \sim A_2$:3 位通道地址输入端,$A_2 \sim A_0$ 为三位二进制码。$A_2 A_1 A_0 = 000 \sim 111$ 时分别选中 $IN_0 \sim IN_7$。

$IN_0 \sim IN_7$:8 路模拟信号输入通道。

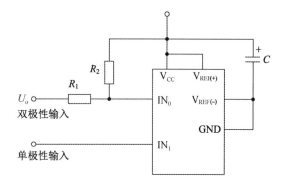

图 3-10-4　单极性和双极性输入方式图

ALE:地址锁存允许输入端(高电平有效),当 ALE 为高电平时,允许 $A_2 A_1 A_0$ 所示的通道被选中(该信号的上升沿使多路开关的地址码 $A_2 A_1 A_0$ 锁存到地址寄存器中)。

$START$:启动信号输入端,此输入信号的上升沿使内部寄存器清零,下降沿使 A/D 转换器开始转换。

EOC:A/D 转换结束信号,它在 A/D 转换开始时由高电平变为低电平,转换结束后,由低电平变为高电平,此信号的上升沿表示 A/D 转换完毕,常用作中断申请信号。

OE:输出允许信号,高电平有效,用来打开三态输出锁存器,将数据送到数据总线。

$D_7 \sim D_0$:8 位数字量输出端。

CLK:外部时钟信号输入端,改变外接 RC 元件,可改变时钟频率,从而决定 A/D 转换的速度。A/D 转换器的转换时间 T_C 等于 64 个时钟周期,CLK 的频率范围为 10~1 280 kHz。当时钟脉冲频率为 640 kHz 时,T_C 为 100 μs。

$U_{REF(+)}$ 和 $U_{REF(-)}$:基准电压输入端,它们决定了输入模拟电压的最大值和最小值。

GND:地线。

注意:数据输入端不能同时与前面电路输出端和数据开关连接。

三、实验设备及所选用组件箱

名　　称	数　　量	备　　注
双踪示波器、实验仪	1	
DAC0832　D/A 转换器	1	
ADC0809　A/D 转换器	1	
UA741　运算放大器	1	
74LS161　计数器	1	

四、实验内容和实验步骤

1. D/A 转换器（DAC0832）

（1）先按图 3-10-5 所示电路接线。

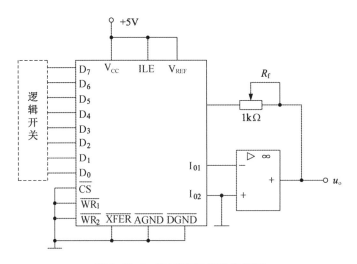

图 3-10-5　DAC0832 实验电路图

（2）调零：接通电源后，将输入逻辑开关均接 0，即输入数据 $D_7 D_6 D_5 D_4 D_3 D_2 D_1 D_0 =$ 00000000，调节运放的调零电位器，使输出电压 $u_o = 0$ V。

（3）输入数字量（由实验箱中逻辑开关控制），逐次测量输出模拟电压 u_o 的值。

2. A/D 转换器（ADC0809）

（1）按图 3-10-6 所示电路接线，u_i 输入模拟信号（由实验箱的直流信号源提供），将输出端 $D_7 \sim D_0$ 分别接逻辑指示灯 $L_8 \sim L_1$，CLOCK 接连续脉冲（由实验箱提供 1 kHz 连续脉冲）。

（2）调节直流信号源，使 $u_i = 4$ V，再按一次单次脉冲，观察输出端逻辑指示灯 $L_8 \sim L_1$ 的显示结果。

（3）改变输入模拟电压 u_i，每次输入一个单次脉冲。观察并记录对应的输出状态。

3. 按图 3-10-7 所示接线

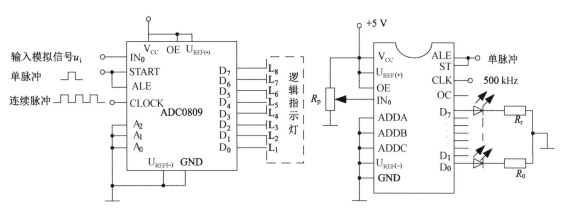

图 3-10-6　ADC0809 实验电路图　　　　图 3-10-7　ADC0809 实验电路

（1）分析 ADC0809 实验电路的连接原理。

（2）确定该电路中的 R_p 及 $R_0 \sim R_7$ 的电阻值,选择 500 kHz 脉冲信号作为时钟信号。调节 R_p 使 ADC0809 的输出全为高电平,测量模拟电压值。

（3）记录 $IN_0 \sim IN_7$ 8 路模拟信号的转换结果,并将结果换算成十进制数表示的电压值,并与数字电压表实测的各路输入电压值进行比较,分析误差原因。

4. 按图 3-10-8 所示接线

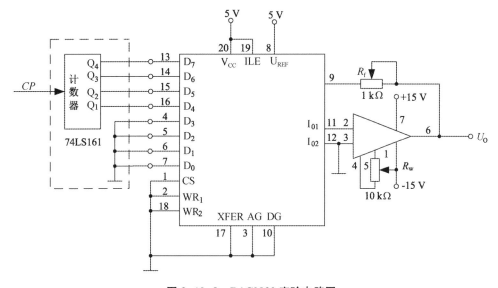

图 3-10-8　DAC0832 实验电路图

把 DAC0832 和 UA741 等插入实验箱,DAC0832 的数据端即 $D_7 \sim D_0$,接实验系统的数据开关,$\overline{CS}$、$\overline{XFER}$、$\overline{WR_1}$、$\overline{WR_2}$ 端均接 0,AGND 和 DGND 相连接地,ILE 端接 +5 V 电源,参考电压接 ±5 V 电源,运放电源为 +12 V,调零电位器为 10 kΩ。

（1）接线检查无误后,置数据开关 $D_7 \sim D_0$ 为全 0,接通电源,调节运放的调零电位器,使输出电位 $U_o = 0$。

（2）再置数据开关全 1,调整 R_f 改变运放的放大倍数,使运放输出满量程。

（3）数据开关从最低位逐位置 1，并逐次测量模拟电压输出 $U_。$。

再将 74LS161 或用（D 或 JK）触发器构成二进制计数器，对应的 4 位输出端 Q_4，Q_3，Q_2，Q_1 分别接 DAC0832 的 D_7，D_6，D_5，D_4 端，低四位端接地。

（4）输入 CP 脉冲，用示波器观测并记录输出电压波形。

（5）若计数器输出与 DAC 的低四位端对应相连，高四位端接地，重复上述实验步骤，并记录输出电压波形。

五、预习要求

1. 阅读本实验内容，复习有关 D/A 转换器和 A/D 转换器的工作原理。

2. 弄清 D/A 转换器集成芯片 DAC0832 和 A/D 转换器（ADC0809）的各管脚功能和使用方法。

六、实验报告

1. 总结分析 D/A 转换器和 A/D 转换器的转换工作原理。

2. 写出实验电路的设计过程，并画出电路图。

3. 将实验转换结果与理论值进行比较，并对实验结果进行分析。

七、思考题

1. 数模转换器的转换精度与什么有关？

2. DAC 的主要技术指标有哪些？

3. 分析测试结果，若存在误差，试分析产生误差的原因有哪些？

4. 欲使实验电路的输出电压的极性反相，应该采取什么措施？

5. 为什么 DAC 转换器的输出都要接运算放大器？

6. ADC 的主要技术指标有哪些？

7. A/D 转换中什么叫直接转换？什么叫间接转换？

8. 用 ADC0809 做一个简易电子秤。

实验十一　汽车尾灯控制电路设计

一、实验目的

假设汽车尾部左右两侧各有 3 个指示灯(可用实验箱上的电平指示二极管模拟)
1. 汽车正常运行时指示灯全灭。
2. 右转弯时,右侧 3 个指示灯按右循环顺序点亮。
3. 左转弯时,左侧 3 个指示灯按左循环顺序点亮。
4. 临时刹车时所有指示灯同时闪烁。

二、设计过程

1. 列出汽车尾灯与运行状态表,如表 3-11-1 所示。

表 3-11-1　汽车尾灯与运行状态表

开关控制		运行状态	左尾灯	右尾灯
S1	S2		$D_4 D_5 D_6$	$D_1 D_2 D_3$
0	0	正常运行	灯灭	灯灭
0	1	右转弯	灯灭	按 $D_1 D_2 D_3$ 顺序循环点亮
1	0	左转弯	按 $D_4 D_5 D_6$ 顺序循环点亮	灯灭
1	1	临时刹车	所有的尾灯随时钟 CP 同时闪烁	

2. 设计总体框图

由于汽车左右转弯时,3 个指示灯循环点亮,所以用三进制计数器控制译码器电路顺序输出低电平,从而控制尾灯按要求点亮。由此得出在每种运行状态下,3 个指示灯与各给定条件(S_1、S_0、CP、Q_1、Q_0)的关系,即逻辑功能表如表 3-11-2 所示(表中 0 表示灯灭状态,1 表示灯亮状态),由表 3-11-1 可得出总体框图,如图 3-11-1 所示。

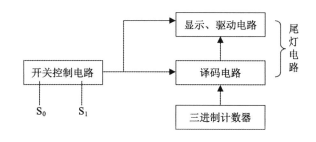

图 3-11-1　汽车尾灯电路框图

表 3-11-2　汽车尾灯电路功能表

开关控制		三进制计数器		6 个指示灯					
S_1	S_0	Q_1	Q_0	D_6	D_5	D_4	D_3	D_2	D_1
0	0	$\times$	$\times$	0	0	0	0	0	0
0	1	0	0	0	0	0	1	0	0
		0	1	0	0	0	0	1	0
		1	0	0	0	0	0	0	1
1	0	0	0	0	0	1	0	0	0
		0	1	0	1	0	0	0	0
		1	0	1	0	0	0	0	0
1	1	$\times$	$\times$	CP	CP	CP	CP	CP	CP

3. 设计单元电路

三进制计数器电路。由双 JK 触发器 74LS76 构成,可根据表 3-11-2 进行设计。

汽车尾灯电路。其显示驱动电路由 6 个发光二极管和 6 个反相器构成。译码电路由 3-8 线译码器 74LS138 和 6 个与非门构成。74LS138 的 3 个输入端 A_2、A_1、A_0 分别接 S_1、Q_1、Q_0,而 Q_1Q_0 是三进制计数器的输出端。当 $S_1=0$,使能信号 $A=G=1$,计数器的状态位为 00,01,10 时,74LS138 对应的输出端 $\overline{Y_0}$、$\overline{Y_1}$、$\overline{Y_2}$ 依次为"0"有效($\overline{Y_3}$、$\overline{Y_4}$、$\overline{Y_5}$ 信号为"1"无效),即反相器 $G_1 \sim G_3$ 的输出端也依次为"0",故指示灯 $D_1 \rightarrow D_2 \rightarrow D_3$ 按顺序点亮示意汽车右转弯。若上述条件不变,而 $S_1=1$,则 74LS138 对应的输出端 $\overline{Y_3}$、$\overline{Y_4}$、$\overline{Y_5}$ 依次为"0"有效,即反相器 $G_4 \sim G_6$ 的输出端依次为"0",故指示灯 $D_4 \rightarrow D_5 \rightarrow D_6$ 按顺序点亮,示意汽车左转弯。当 $G=0$,$A=1$ 时,74LS138 的输出端全为 1,$G_6 \sim G_1$ 的输出端也全为 1,指示灯全灭;当 $G=0$,$A=CP$ 时,指示灯随 CP 的频率闪烁。

开关控制电路。设 73LS138 和显示驱动电路的使能端信号分别为 G 和 A 时,根据总体逻辑功能表分析及组合得 G、A 与给定条件(S_1、S_0、CP)的真值表,如表 3-11-3 所示,由此表经过整理得逻辑表达式为

$$G = S_1 \oplus S_0$$

$$A = \overline{S_1 S_0} + S_1 S_0 CP = \overline{\overline{S_1 S_0} \cdot \overline{S_1 S_0 CP}}$$

表 3-11-3　控制信号 G 和 A 的真值表

开关控制		CP	使能信号	
S_1	S_0		G	A
0	0	$\times$	0	1
0	1	$\times$	1	1
1	0	$\times$	1	1
1	1	CP	0	CP

4. 设计汽车尾灯总体参考电路

由"3.设计单元电路"中的可得出汽车尾灯整体电路(参考),如图3-11-2所示。

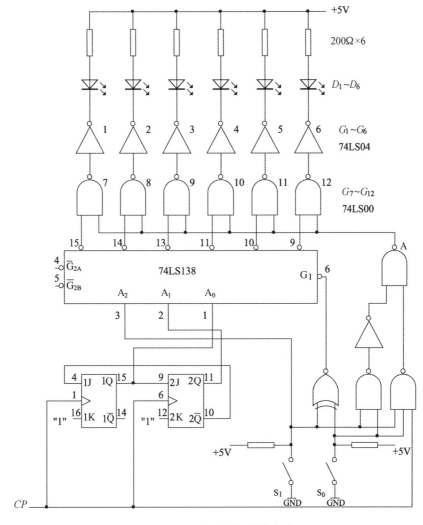

图 3-11-2　汽车尾灯整体电路

三、实验设备及所选用组件箱

名　　　　称	数　　量	备　注
数字(模数综合)电子技术实验箱	1	
数字式万用表	1	
74LS138×1　　74LS00×2　　74LS04×2		
74LS10×1　　74LS76×1　　74LS86×1		

实验十二 多路智力竞赛抢答器设计

一、实验要求

1. 基本功能

(1) 设计一个智力竞赛抢答器，可同时供 8 名选手或 8 个代表队参加比赛，他们的编号分别是 0、1、2、3、4、5、6、7，各用一个抢答按钮，按钮的编号与选手的编号相对应，分别是 S_0、S_1、S_2、S_3、S_4、S_5、S_6、S_7。

(2) 给节目主持人设置一个控制开关，用来控制系统的清零（编号显示数码管灭灯）和抢答的开始。

(3) 抢答器具有数据锁存和显示功能。抢答开始后，若有选手按动抢答按钮，编号立即锁存，并在 LED 数码管上显示出选手的编号，同时扬声器给出音响提示。此外，要封锁输入电路，禁止其他选手抢答。优先抢答选手的编号一直保持到主持人将系统清零为止。

2. 扩展功能

(1) 抢答器具有定时抢答的功能，且一次抢答的时间可以由主持人设定（如 30 s）。当节目主持人启动"开始"键后，要求定时器立即减计时，并用显示器显示，同时扬声器发出短暂的声响，声响持续时间 0.5 s 左右。

(2) 参赛选手在设定的时间内抢答，抢答有效，定时器停止工作，显示器显示选手的编号和抢答时刻的时间，并保持到主持人将系统清零为止。

(3) 如果定时抢答的时间已到，却没有选手抢答时，本次抢答无效，系统短暂报警，并封锁输入电路，禁止选手超时后抢答，时间显示器显示 00。

二、设计过程

1. 设计电路的总体框图

定时抢答器的总体框图如图 3-12-1 所示。它由主体电路和扩展电路两部分组成。主体电路完成基本的抢答功能，即计时抢答后，当选手按动抢答键时，能显示选手的编号，同时能封锁输入电路，禁止其他选手抢答。扩展电路完成定时抢答的功能。

图 3-12-1 所示的定时抢答器的工作过程是：接通电源时，节目主持人将开关置于"清除"位置，抢答器处于禁止工作状态，编号显示器灭灯，定时显示器显示设定的时间，当节目主持人宣布抢答题目后，说一声"抢答开始"，同时将控制开关拨到"开始"位置，扬声器给出声响提示，抢答器处于工作状态，定时器倒计时，当定时时间到，却没有选手抢答时，系统报警，并封锁输入电路，禁止选手超时后抢答。当选手在定时时间内按动抢答键时，抢答器要完成以下四项工作：a:优先编码电路立即分辨出抢答者的编号，并由锁存器进行锁存，然后由译码显示电路显示编号；b:扬声器发出短暂声响，提醒节目主持人注意；c:控制电路要对输入编码电路进行锁存，避免其他选手再次进行抢答；d:控制电路要使定时器停止工作，时

间显示器上显示剩余的抢答时间,并保持到主持人将系统清零为止,当选手将问题回答完毕,主持人操作控制开关,使系统恢复到禁止工作状态,以便进行下一轮抢答。

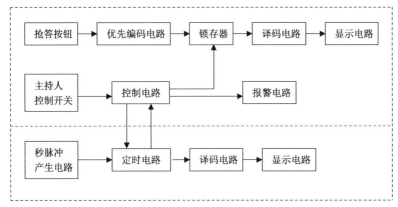

图 3-12-1 抢答器电路框图

2. 抢答电路设计

抢答电路的功能有两个:一是能分辨出选手按键的先后,并锁存优先抢答者的编号,供译码显示电路用;二是要使其他选手的按键操作无效。选用优先编码器 74LS148 和 RS 锁存器 74LS279 可以完成上述功能,其电路组成如图 3-12-2 所示。

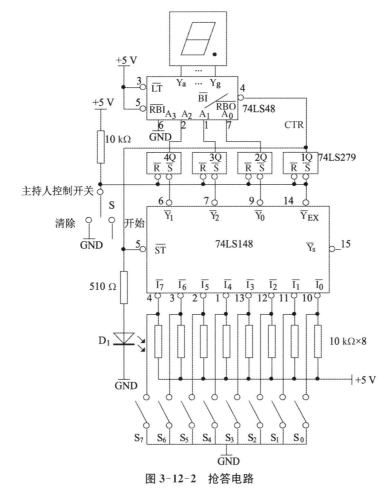

图 3-12-2 抢答电路

其工作原理是：当主持人控制开关处于"清除"位置时，RS 触发器的 $\overline{R}$ 端为低电平，输出端（$4Q\sim1Q$）全部为低电平。于是 74LS48 的 $\overline{RBI}=0$，显示器灭灯；74LS148 的选通输入端 $\overline{ST}=0$，74LS148 处于工作状态，此时锁存电路不工作。当主持人将开关拨到"开始"位置时，优先编码电路和锁存电路同时处于工作状态，即抢答器处于等待工作状态，等待输入端 $\overline{I_7}\cdots\overline{I_0}$ 输入信号，当有选手将键按下时（如按下 S5），74LS148 的输出 $\overline{Y_2}\ \overline{Y_1}\ \overline{Y_0}=010$，$\overline{Y_{ex}}=0$，经过 RS 锁存器后，$CTR=1$，$\overline{BI}=1$，74LS279 处于工作状态，$4Q3Q2Q=101$，经 74LS48 译码后，显示器显示出"5"。此外，$CTR=1$，使 74LS148 的 $\overline{ST}$ 端为高电平，74LSE148 处于禁止工作状态，封锁了其他按键的输入。当按下的键松开后，74LS148 的 $\overline{Y_{EX}}$ 为高电平，但由于 CTR 维持高电平不变，所以 74LS148 仍处于禁止工作状态，其他按键的输入信号不会被接收。这就保证了抢答者的优先性以及抢答电路的准确性。当优先抢答者回答完问题后，由主持人操作控制开关 S，使抢答电路复位，以方便进行下一轮抢答。

3. 定时电路设计

节目主持人根据抢答题的难易程度，设定一次抢答的时间，通过预置时间电路对计数器进行预置，选用十进制同步加/减计数器 74LS192 进行设计，计数器的时钟脉冲由秒脉冲电路提供。具体电路如图 3-12-3 所示。

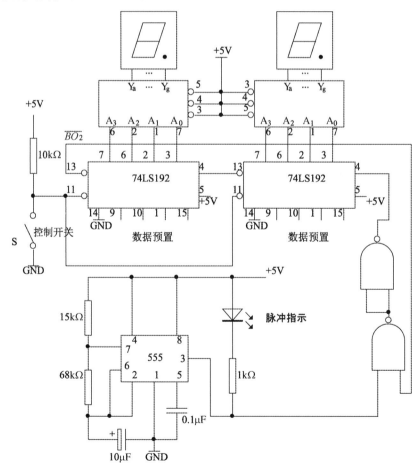

图 3-12-3 定时电路

4. 报警电路设计

由 555 定时器和三极管构成的报警电路如图 3-12-4 所示。其中 555 构成多谐振荡器,振荡频率

$$f_0 = \frac{1}{(R_1 + 2R_2)C\ln 2}$$
$$\approx \frac{1.43}{(R_1 + 2R_2)C}$$

其输出信号经三极管推动扬声器。PR 为控制信号,当 PR 为高电平时,多谐振荡器工作,反之,电路停振。

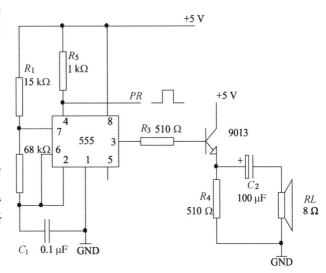

图 3-12-4　报警电路

5. 时序控制电路设计

时序控制电路是抢答器设计的关键,它要完成以下三项功能:

(1) 主持人将控制开关拨到"开始"位置时,扬声器发声,抢答电路和定时电路进入正常抢答工作状态。

(2) 当参赛选手按动抢答键时,扬声器发声,抢答电路和定时电路停止工作。

(3) 当设定的抢答时间到,无人抢答时,扬声器发声,同时抢答电路和定时电路停止工作。

根据上面的功能要求以及图 3-12-2、图 3-12-3,设计的时序控制电路如图 3-12-5 所示。图中,门 G_1 的作用是控制时钟信号 CP 的放行与禁止,门 G_2 的作用是控制 74LS148 的输入使能端 $\overline{ST}$。图 3-12-5(a)的工作原理是:主持人控制开关从"清除"位置拨到"开始"位置时,来自图 3-12-2 中的 74LS279 的输出 $CTR=0$,经 G_3 反相,$A=1$,则从 555 输出端来的时钟信号 CP 能够加到 74LS279 的 CP_D 时钟输入端,定时电路进行递减计时。同时,在定

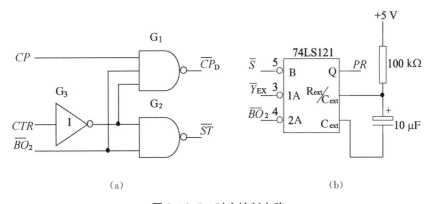

(a)　　　　　　　　　　　　(b)

图 3-12-5　时序控制电路

时时间未到时,来自图 3-12-3 中的 74LS192 的借位输出端 $\overline{BO_2}=1$,门 G_2 的输出 $\overline{ST}=0$,使 74LS148 处于正常工作状态,从而实现功能(1)的要求。当选手在定时时间内按动抢答按键时,$CTR=1$,经 G_3 反相,$A=0$,封锁 CP 信号,定时器处于保持工作状态;同时,门 G_2 的输出 $\overline{ST_2}=1$,74LS148 处于禁止工作状态,从而实现功能(2)的要求。当定时时间到时,来自 74LS192 的 $\overline{BO_2}=0$,$\overline{ST}=1$,74LS148 处于禁止工作状态,禁止选手进行抢答。同时,门 G_1 处于关门状态,封锁 CP 信号,使定时电路保持 00 状态不变,从而实现功能(3)的要求。74LS121 用于控制报警电路及发声的时间。

6. 整体电路设计

经过以上各单元电路的设计,可以得到定时抢答器的整体电路,如图 3-12-6 所示。

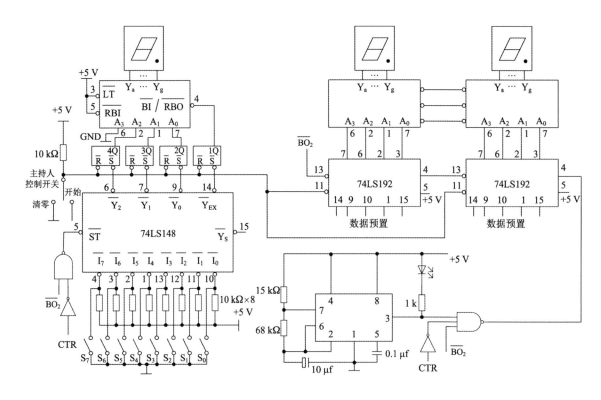

图 3-12-6 抢答器整体电路

由于电子技术实验箱上的数码管显示模块已集成了显示驱动电路,故实际实验时电路可更为简单,图 3-12-6 中的显示驱动电路部分可以不接,直接将锁存器 74LS279 和计数器 74LS192 的输出接数码管显示模块的输入插座 A、B、C、D,其对应顺序为 $A_0 \rightarrow A$、$A_1 \rightarrow B$、$A_2 \rightarrow C$、$A_3 \rightarrow D$,74LS279 的输出也无须再接入 74LS48 的 4 脚,其他部分电路与图 3-12-6 相同。

三、实验设备及所选用组件箱

名　称	数　量	备　注
数字(模数综合)电子技术实验箱	1	
数字式万用表	1	
74LS148×2　74LS00×1　74LS121×1		
74LS192×2　74LS279×2　NE555×2		

参考文献

［1］邱关源,罗先觉. 电路［M］.5 版. 北京:高等教育出版社,2011.

［2］李瀚荪. 电路分析基础［M］.5 版. 北京:高等教育出版社,2017.

［3］陈晓平,李长杰. 电路原理［M］. 北京:机械工业出版社,2018.

［4］康华光,陈大钦,张林. 电子技术基础(模拟部分)［M］.6 版. 北京:高等教育出版社,2013.

［5］童诗白,华成英. 模拟电子技术基础［M］.5 版. 北京:高等教育出版社,2015.

［6］康华光,秦臻,罗杰. 电子技术基础(数字部分)［M］.6 版. 北京:高等教育出版社,2014.

［7］阎石. 数字电子技术基础［M］.5 版. 北京:高等教育出版社,2011.

［8］王天曦,王豫明,杨兴华. 电子工艺实习［M］. 北京:电子工业出版社,2013.

［9］孙余凯. 电子产品制作［M］. 北京:人民邮电出版社,2010.

［10］余佩琼. 电路实验与仿真［M］. 北京:电子工业出版社,2016.

［11］张彩荣. 电路实验实训及仿真教程［M］. 南京:东南大学出版社,2015.

附录 常用芯片引脚图

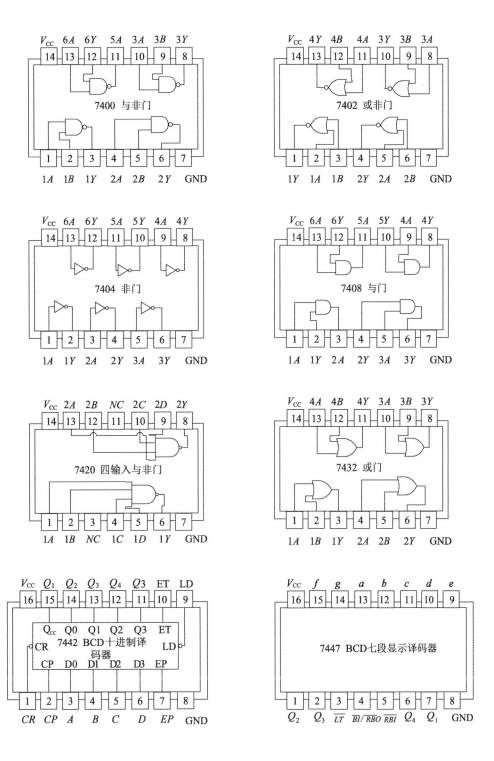

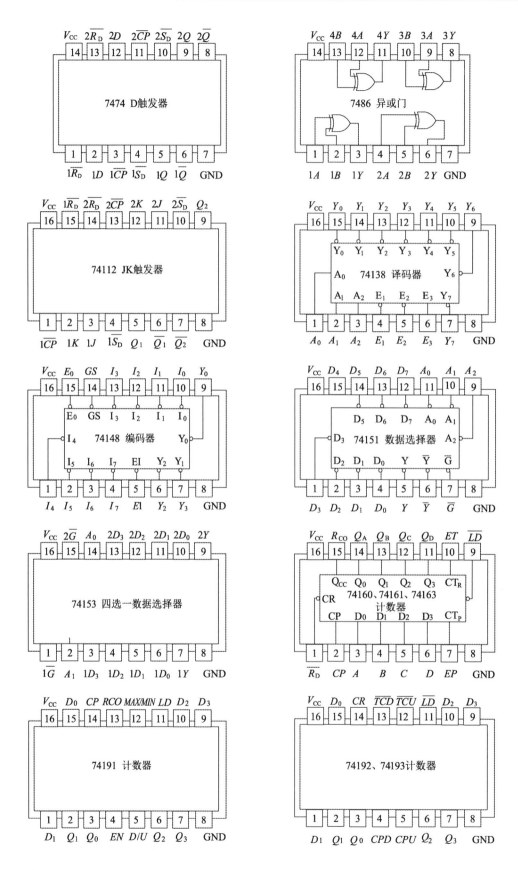

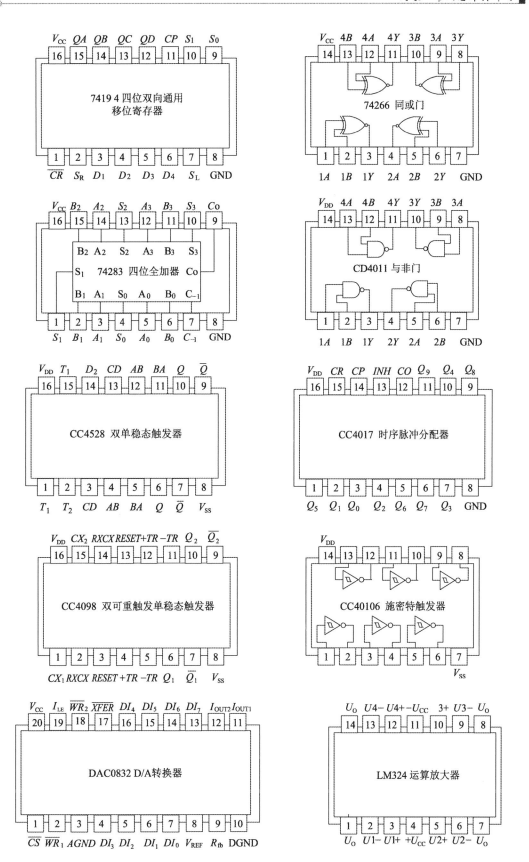

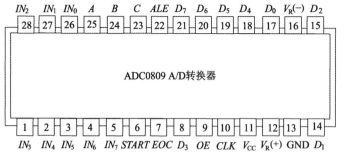

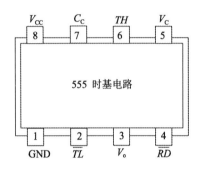

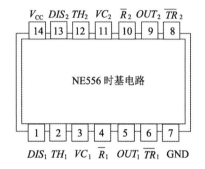